世界的尽头是一杯好咖啡

临风君 著

人民邮电出版社

北京

图书在版编目（CIP）数据

世界的尽头是一杯好咖啡 / 临风君著. -- 北京：
人民邮电出版社，2024.2
ISBN 978-7-115-63527-3

Ⅰ. ①世… Ⅱ. ①临… Ⅲ. ①咖啡—文化 Ⅳ.
①TS971.23

中国国家版本馆CIP数据核字(2024)第010568号

内 容 提 要

本书面向咖啡爱好者，不仅是咖啡知识的入门指南，更是咖啡文化、咖啡生活方式的解读与实践指南，内容包括世界各地的咖啡文化特色、咖啡烘焙与风味品鉴、咖啡豆的甄别与选择、咖啡的冲泡与萃取、手冲咖啡的制作，以及咖啡师、时尚生活达人的咖啡生活体验。

本书是作者40年品味咖啡、制作咖啡的经验积淀，是作者行走于世界各地的咖啡生活感悟。不管你是刚开始接触咖啡，还是早已将咖啡作为日常，本书都能带你领略到咖啡生活别样的美好。

◆ 著　　　　临风君
　　责任编辑　牟桂玲
　　责任印制　胡　南

◆ 人民邮电出版社出版发行　北京市丰台区成寿寺路 11 号
　　邮编　100164　电子邮件　315@ptpress.com.cn
　　网址　https://www.ptpress.com.cn
　　临西县阅读时光印刷有限公司印刷

◆ 开本：700×1000　1/16
　　印张：14.25　　　　　　　2024 年 2 月第 1 版
　　字数：209 千字　　　　　 2024 年 2 月河北第 1 次印刷

定价：108.00 元
读者服务热线：(010)81055410　印装质量热线：(010)81055316
反盗版热线：(010)81055315
广告经营许可证：京东市监广登字 20170147 号

"数艺设"教程分享

本书由"数艺设"出品，"数艺设"社区平台（www.shuyishe.com）为您提供后续服务。"数艺设"社区平台，为艺术设计从业者提供专业的教育产品。

与我们联系

本书责任编辑的联系邮箱是 muguiling@ptpress.com.cn。如果您对本书有任何疑问或建议，请您发邮件给我们，并请在邮件标题中注明本书书名及 ISBN，以便我们更高效地做出反馈。

如果您有兴趣出版图书、录制教学课程，或者参与技术审校等工作，可以发邮件给我们。如果学校、培训机构或企业想批量购买本书或"数艺设"出版的其他图书，也可以发邮件联系我们。

关于"数艺设"

人民邮电出版社有限公司旗下品牌"数艺设"，专注于专业艺术设计类图书出版，为艺术设计从业者提供专业的图书、视频电子书、课程等教育产品。出版领域涉及平面、三维、影视、摄影与后期等数字艺术门类，字体设计、品牌设计、色彩设计等设计理论与应用门类，UI 设计、电商设计、新媒体设计、游戏设计、交互设计、原型设计等互联网设计门类，环艺设计手绘、插画设计手绘、工业设计手绘等设计手绘门类。更多服务请访问"数艺设"社区平台。我们将提供及时、准确、专业的学习服务。

岁月悠长，时光未央……
一杯咖啡，也是远方

从 12 岁到开始写这本书时的 52 岁，咖啡陪伴了我整整 40 年。

咖啡对我来说，从来就不止于烘焙技术与冲煮品鉴艺术。

咖啡是梦想，它陪伴了一个白衣少年成长；

咖啡是远方，它陪伴我选择一个又一个人生的方向。

为什么我会从 1997 年开始举办咖啡文化沙龙？

为什么我会从 2008 年开始探索咖啡与时尚的渊源？

为什么我会从 2012 年开始对带着咖啡去南极念念不忘？

为什么我会创办 Lifisee 黑胶唱片咖啡吧？

……

1982 年，我 12 岁。

那年春节我去一位同学家，他父亲是湖南拖拉机制造厂劳动服务公司的一名经理，有个外派非洲的厨师回国给他爸爸拜年，从埃塞俄比亚带了两包非洲特产——豆子，个头比绿豆大，比蚕豆小；颜色比绿豆浅，比蚕豆深。临走时，厨师交代了几句，大意是先炒熟再磨碎，再水煮，再过滤，再放糖。

同学家没有一个人对这两包需要费尽周折才能泡水喝的豆类感兴趣。于是它们理所当然归了我。

先炒熟。这个简单，就像炒蚕豆一样完成了第一道工序。

再磨碎。家里有石磨，我小心翼翼磨碎了第一捧豆子，异香扑鼻。

再水煮。黑咕隆咚一锅煮出来，看上去和中药没有区别，尝了一口，比中药还苦。

再过滤。拆了一个纱布口罩当过滤网，那时纱布口罩还是昂贵的稀缺物资。

再放糖。居然香中带苦，苦中有甜，甜中带酸，酸中有涩，味道复杂又迷人。

直到今天，40 年过去，我依然疑惑：一个 12 岁的少年，为什么第一次鼓捣咖啡就迷上了它？以至于多年后，咖啡成了我工作以外，走遍世界的另一个理由。

也正因为我 12 岁便开始接触咖啡，20 世纪 90 年代商业咖啡店陆续进入中国前，我已经积累了不少咖啡文化知识与咖啡制作技能。

1997年"名典咖啡语茶"从台北经广东进入长沙，我成了这家店的兼职钢琴师和咖啡讲解员。我自告奋勇地提出把音乐和咖啡结合在一起向顾客介绍咖啡文化，因为当时很少有人点咖啡，人们走进这家新奇的店里是为了喝茶、聊天的，只会偶尔尝试一下浓郁的苦咖啡。我总觉得，当我在店里弹肖邦的《夜曲》或是当时流行的克莱德曼的作品时，顾客手里端着的应该是醇香的咖啡，而不是清淡的绿茶。

我依然记得，一个雨中的秋日，我的第一场音乐咖啡下午茶的开场白：秋日的琴声在空中飞扬，一杯咖啡，一缕醇香，伴着窗外深秋的雨声，愿此刻的你，只有温暖，没有忧伤……

当时，咖啡作为舶来品，承载了很多年轻人对世界的渴望。多年后有人告诉我：临风君，你可能是中国举办音乐咖啡沙龙的第一人……若果真如此，我也只是一个特殊时代里不安分的年轻人，和同时代的其他年轻人一起，探索一种连接世界的生活方式。

2000年后，我的工作更倾向于时尚产业与生活艺术，也有了更多机会走出去。与此同时，咖啡产业进入了一个多元化与精品化的加速发展期。这让我得以把工作、旅行，以及对咖啡的探索结合在一起。

我几乎完整经历了第三次咖啡浪潮的兴起与兴盛，也得以从不同纬度地区，回望咖啡文化数度沉浮的历史渊源。这为我后来多次在国内举办咖啡文化沙龙积累了独特的见识与专业技能。

2012 年，我创办了 Lifisee 黑胶唱片主题咖啡吧。10 年来，我一直没有用连锁化商业模式来经营它，而是始终把它定位于时尚生活方式的融合器。咖啡文化离不开音乐和时尚，所以，Lifisee 咖啡文化沙龙也逐渐演变出了多种跨界新模式。当然，无论衍生出了多么丰富的表达形式，它都属于这个时代，是一群有梦想的时尚文化探索者对美好生活方式诸般感悟的凝结。

人生会经历很多奇妙的相遇，我与咖啡的相遇，注定了无论我是音乐人、主持人、设计师、媒体人，还是创办艺术空间，创办艺术跨界秀，创办黑胶唱片主题咖啡吧，创办时尚新媒体机构，创立时装品牌……都有一个共同的标签：东西方文化相互交叠的生活方式。而在这交叠中，咖啡，毫无疑问，是一个聚焦点。

步履不停，日落星野。我们不少人在奔忙的同时，也在思考生活的意义与生命的价值，在衣食住行的点点滴滴中感受生活的美好。时尚穿搭、围炉煮茶、带着帐篷去露营、带着咖啡去旅行……一个追求美好生活方式的全新时代已然开启。

另一个有意思的现象也在悄然发生：全球咖啡贸易重心向东方转移，咖啡生活方式成为全民话题。很多人不再满足于千篇一律的商业咖啡店提供的快捷咖啡，很多人开始探索咖啡制作与咖啡品鉴，很多人开始交流怎么把家装修成咖啡馆……

喜欢一杯咖啡，喜欢的不仅仅是那缕醇香。

喜欢一杯咖啡，是因为，咖啡里也有远方。

和我一起了解咖啡文化，学习咖啡制作，领悟咖啡品鉴，开启咖啡旅行。

愿你，岁月悠长，时光未央……

临风君
2023 年 9 月

目录

第**1**章

在旅行中寻找咖啡，在咖啡里读懂世界

第**2**章

咖啡的世界原来很简单

世界的尽头是一杯好咖啡

第**3**章

只要你愿意，手冲咖啡随时在等你

第**4**章

你当然可以把家变成咖啡馆

第 5 章

人生百味，尽在咖啡风味

后记

在旅行中寻找咖啡，
在咖啡里读懂世界

喜欢一杯咖啡，喜欢的不仅仅是那缕醇香。

一　乌斯怀亚：
邂逅世界尽头的咖啡馆

很多人说，如果世界有尽头，它一定在乌斯怀亚……

这是大多数人去乌斯怀亚的理由。

我也一样。

2012 年 3 月，从米兰、伦敦、巴黎，到纽约，我经历了一个最繁忙的时装周。回国的前一天，我来到纽约时代广场，在人潮汹涌的岔路口，忽然就有一种迷茫感袭来。

在那个年代，中国时尚业的很多同行和我一样，面对奔涌而来的西方时尚潮流，我们找不到东方文化的时尚根基。而今站在东方文化再次大放异彩的时代节点，回想那些年的迷茫，忽然明白，那其实是我们迷失自我却又一路奔忙的体现。

也是在纽约时代广场的迷茫和思考，促成了我的第一次南极旅行，也促使我回国后重拾咖啡文化，创办黑胶唱片咖啡吧——Lifisee cafe。同一年，我还创立了时尚新媒体机构"时尚临风"，并启动了"寻迹东方——中国民族非遗文化时尚化探索"项目，至今已延续了十年。

回望我走过的这 10 年，咖啡似乎成了东西方文化交融的媒介。虽然此前，我已有 20 年咖啡文化的积累，但那只是我的个人爱好使然。而以咖啡技艺和与咖啡相伴的生活方式来联结东西方时尚文化，正是源自纽约时代广场岔路口的那次驻足，以及由此而来的在"世界尽头"与咖啡的邂逅：2012 年 3 月的那一刻，我站在那里，被拥挤的人流裹挟着，一种强烈的冲击就那样无来由地袭来——我要去世界的尽头看一看。

从纽约一直向南，4 天后，我到达了世界的尽头——乌斯怀亚。我当然知道，我真正想去的地方是南极。而乌斯怀亚，这个被很多人称为"世界尽头"的地方，是通往南极的第一站。所有的南极探险船，都会从这里出发。

3月已是南极探险季的尾声，我留在乌斯怀亚等待可能会有的"最后一分钟船票"。

很快就有了船票的消息，据说这艘船是这一季去南极的最后一艘船，一周后出发。安下心来后，我便像往常一样，开启到达一个城市后的固定行程——探索咖啡：寻找独特的咖啡馆，找到独属于一个城市的咖啡风味，并探寻一个城市独特咖啡风味形成的背后原因。

6万人的小城，能称为"街"的道路只有一条。支路两侧都是本地人居住的或一层或两层的房子。寒风萧瑟的3月，正值乌斯怀亚的秋天，我穿着一件薄羽绒服，在接近零摄氏度的圣马丁大街上行走，明明温度很低，但感觉并不太冷。回到酒店翻看照片，我才忽然明白，这种温暖感来自这座小城房屋的五彩斑斓。

一个人来到世界的尽头，我并不感到孤寂。主街上都是和我一样的游客，用探索的眼神打量彼此，或无声

地擦肩而过，或驻足会心一笑。支路很安静，玻璃窗后的本地居民
会端着咖啡杯做出"cheers"的口型。

一切都像《春光乍泄》里的样子，包括那座"世界尽头"的灯
塔和"世界尽头"的邮局。唯一和电影里不一样的是氛围。

这里没有王家卫镜头里的落寞感。或许是因为那几天都是难得的好天气，有山有海有咖啡，还有阳光下斑斓的小屋……十年过去，乌斯怀亚留在我心底的，始终是这种通透、明朗而又盛大的美。这种盛大似乎和这座小城的规模不成比例，但那种盛大的感觉，一直都留在我的记忆里。

尤其是，当我遇见它，Ramos。
最初我以为它是小镇的博物馆。

它很旧，也很醒目，不过，它不像一个咖啡馆，甚至也不像一个餐厅，它就那样斑驳地立在晴朗的寒风里……走进去后，这种感觉会更强烈，无论是一个咖啡馆还是一个餐厅，似乎都不应该"长成"这样。推开门的一刹那，我甚至迟疑了一下："是不是需要购买门票才能参观？"

每一面墙，每一个角落，都堆着我认识或不认识的旧物。那些旧物或与航海有关，或与航海无关，摆放得或整齐或杂乱，相互之间或有关联或没有关联……在店里转了一圈，我忽然醒悟过来：这根本就不是展览，因为咖啡馆和餐厅所用的餐具、酒具，甚至咖啡豆、啤酒瓶，全部都和那些旧物混放在一起。

第一章 在旅行中寻找咖啡，在咖啡里读懂世界

7

迎面走来一位大肚皮男人，看上去像是老板。我问他这到底是不是展览，他哈哈大笑："这是一个仓库，喝咖啡的仓库。"好吧，我知道，在接下来等待开船去南极的日子里，我离不开这个"仓库"了。

老板很理解我每天都想用不同的桌椅，如果客人不多，中途他还会给我换一次桌椅。他知道我用的不是桌椅，而是桌椅背后那些旧物的记忆。他从不向我介绍旧物，但他会时不时在端咖啡过来的时候，把一个小小的旧物"扑通"一声扔在桌上，让我有一种我曾经在这里居住过，与他和旧物似曾相识的错觉。

咖啡？这里的浓缩咖啡是我在南美洲喝过的咖啡中味道最浓烈的，哪怕调和了纯净的阿根廷牛奶，仍然十分浓烈。但这种浓烈并不令我觉得突兀……或许是因为这里是"世界尽头"？因为跨过风高浪急的德雷克海峡就是冰天雪地的南极？……就像冰岛雷克雅未克的咖啡馆使用的咖啡豆，烘焙度也普遍比欧洲的更深？

我把疑问抛给咖啡师，得到的回答：他是出生在土耳其的荷兰人。我一下子明白，他制作的咖啡原来是含有沙煮式土耳其咖啡的风味。

土耳其咖啡是欧洲咖啡的鼻祖。咖啡豆和香料一起研磨成极细的粉末，铜锅慢煮，煮好后也不过滤，和咖啡渣一起倒进咖啡杯。这种像稀泥浆一样黏稠的咖啡，延续了上千年来的古老咖啡制作方式，至今仍在中东一带流行，也会偶尔得到欧美和亚洲一些好奇的年轻人的青睐，但真正能接受土耳其咖啡的人少之又少。

少数现代咖啡馆会借鉴土耳其咖啡的某些制作方法，比如更细的研磨度、更深的烘焙度、更高的水温与更长的冲煮时间，或是少量添加独特的香料……这些方法，会使咖啡萃取更充分，也会使咖啡的风味更浓烈。

咖啡师告诉我：浓烈的咖啡风味在寒冷的乌斯怀亚特别受欢迎，就像冰天雪地的俄罗斯需要浓烈的伏特加一样。

所以，咖啡拉花？当然没有。
所以，牛排摆盘？当然也没有。

大手大脚大笑大肚皮的老板，会"咣咣"几声把咖啡、面包、牛排撂在桌上，也不告诉我随赠的是什么牛排酱，更不会像其他城市咖啡馆的老板一样咕哝一句"enjoy"。

在乌斯怀亚，所有的餐厅都被称为咖啡馆。因为天气实在太冷，只要出门，人们都想躲进餐厅里，有噼里啪啦作响的壁炉，有热气腾腾的咖啡，用餐反而不是主要目的，虽然对店家来说，餐费收入远高于咖啡。

乌斯怀亚的夏季也如中国北方的冬天一样寒冷，人们需要的不是一杯清淡的苦咖啡，醇厚（甚至是浓烈）远比清香更重要。

乌斯怀亚汇聚了从世界各地过来寻找"世界尽头"的人们。但当你来到这里，看到山海相连的乌斯怀亚，看到五彩斑斓的乌斯怀亚，看到大手大脚大笑大肚皮的乌斯怀亚人，再品尝一杯浓烈的乌斯怀亚咖啡，似乎一下子就有种"世界何处不精彩""天涯何处不尽头"的释然。

因此，当船家告诉我，德雷克海峡十二级风暴提前来袭，去南极的最后一班船已经取消时，我并没有觉得遗憾。

因为，我已经来到世界的尽头——乌斯怀亚！我在这里重新认识了咖啡，认识到一杯浓烈的咖啡之于一群生活在冰天雪地中的人的意义。也是在这里我意识到，我们这一代创业者失去自我的奔忙，只会带来对未来的迷茫。从这里启程回国后，我用咖啡作桥梁，连接时尚创业与生活方式表达……乌斯怀亚是世界的尽头，但乌斯怀亚于我而言，是用咖啡开启另一段人生的源头。

也正是从这一年开始，我逐渐意识到我所有的旅行都伴随着对咖啡文化的探索。咖啡产业在中国的爆发式增长，也是这十来年的事，越来越多的中国人逐渐接受"用一杯咖啡"开启我们东方式的生活。

中国有自己的咖啡源头产区吗？

为什么同处东亚的日本能早早兴起现代精品咖啡的商业文化？

咖啡是如何从非洲发源，进入欧洲、美国，进而实现全球商业化推广的？

怎样点咖啡？怎样品鉴咖啡？怎样制作咖啡？

怎样手冲咖啡？怎样冲泡挂耳咖啡？怎样寻找优质咖啡豆？

怎样把家变成咖啡馆？怎样带着咖啡去旅行？

……

当我们手握一杯咖啡时，我们握住的是一杯咖啡里的自己。

世界也许有尽头，但一杯咖啡，是我们探寻美好生活的新源头。世界也许有尽头，但人生不到终点，我们对美好的探索就不会有尽头。

一 云南：
在咖啡庄园中探寻咖啡的
前世今生

热爱咖啡的人，通常是对美有强烈感知的人。

咖啡豆是种子，是生命的来源。换句话说，我们看似热爱的是咖啡，实则是热爱一颗种子所代表的生命。

虽然对有的人来说，咖啡只是寻常的生活必需品，但是对热爱咖啡的人来说，咖啡的醇香，咖啡的浓郁，咖啡文化的魅力，都是人们对它所蕴含的美的感知。

所以，热爱咖啡的人，一定想了解咖啡的前世今生。而了解咖啡最便捷的路径，除了阅读与咖啡有关的书籍，就是踏上寻觅咖啡的旅行。

我国云南山区有很多咖啡种植园，其中有不少还是鲜为人知的具有百年历史的咖啡种植园。近些年，随着咖啡的商业化，这些咖啡种植园也开始像国外的咖啡庄园一样，接待前来探访的游客。

咖啡豆是咖啡色的吗?

很多人以为咖啡豆是咖啡色的,其实不是。咖啡豆烘焙前是灰绿色的,颜色比绿豆浅,个头比绿豆大。生豆经过高温烘焙,会发生一系列物理与化学反应,之后才会呈现出独特的咖啡色,散发出迷人的醇香。

咖啡是怎么被发现和种植出来的?

咖啡原产于非洲埃塞俄比亚高原山地。据说一千多年前,一位牧羊人发现羊吃了一种植物后,会变得非常兴奋和活泼,咖啡由此被发现。后来,人们把咖啡种子烘焙、磨碎后掺入面粉,做成面包,也煮水做成饮料,提供给勇士们,以提高士气。16世纪,咖啡传入欧洲。

咖啡树是多年生常绿灌木或小乔木，树高 5~8m，开白色花，结球型浆果，浆果会由绿转红。成熟的红色浆果采收后发酵、晾晒、干燥，去除果皮果肉，便得到了灰绿色的生豆。生豆经过高温烘焙，就成了我们所熟悉的咖啡色的咖啡豆。

1892 年，法国传教士田德能将咖啡种子带入云南大理宾川朱苦拉村，由此拉开了中国咖啡种植的序幕。20世纪 50 年代，云南咖啡大量出口苏联和东欧。90 年代，雀巢等国际咖啡巨头开始从云南收购生豆。2000 年前后，雀巢、麦斯威尔、星巴克等跨国集团都在云南建立了咖啡种植基地。

被誉为"彩云之南"的云南，地理位置和气候特征都非常接近全球精品咖啡主产区中美洲。云南的普洱、保山、临沧、德宏等地区有大量精品咖啡庄园，在近几年逐步向游客开放咖啡庄园旅行，游客在咖啡庄园可以了解咖啡的历史与文化，参观体验咖啡种植、咖啡豆采收、咖啡豆烘焙、咖啡制作与品鉴。

第一章　在旅行中寻找咖啡，在咖啡里读懂世界

17

为什么不同烘焙度的咖啡会有不同的风味？

咖啡的烘焙度是指咖啡豆烘焙的程度。烘焙度可以分为以下 8 种。

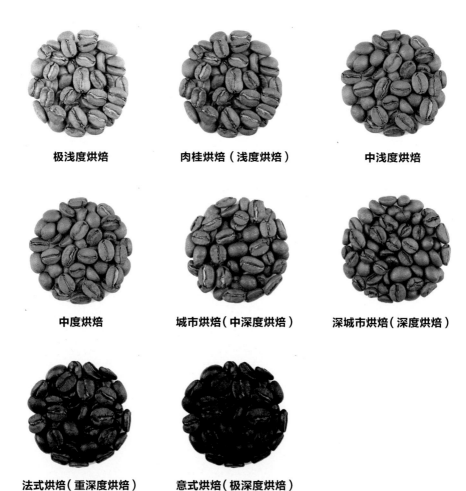

极浅度烘焙　　　　　　肉桂烘焙（浅度烘焙）　　　　　中浅度烘焙

中度烘焙　　　　　　城市烘焙（中深度烘焙）　　　　深城市烘焙（深度烘焙）

法式烘焙（重深度烘焙）　　　意式烘焙（极深度烘焙）

烘焙度与咖啡风味紧密相关。浅烘焙能更多地呈现出咖啡豆的花果香味，随着烘焙度加深，花果香会减少，酸味变弱，苦味增强。传统咖啡制作倾向于深烘焙，通常来说，深烘焙的咖啡豆冲煮后，咖啡的口感会更浓郁。小规模精品化种植的咖啡豆大多需要浅烘焙，以呈现出咖啡本身的柔和清香。此外，咖啡豆的烘焙度没有绝对的标准，不同区域可能会有不同的分类与名称。

能品尝出一杯咖啡里的浓郁芳香，
就能看见平凡岁月里的温暖光芒。

——临风君

一 京都：
咖啡品鉴与咖啡文化的
东方范本

2009 年春天，路过京都，这座古朴的东方城市，我认识了手冲咖啡所展现出的东西方文化交融的魅力。

彼时，手冲咖啡在日本早已盛行。此前我去过东京的一些咖啡店，并没有对日本咖啡留下什么特别的印象，也不了解为什么日本人会对手冲咖啡"一往情深"。

3 月的京都，粉色的樱花刚刚绽放，风不是很大，也就看不到"樱吹雪"的盛景。在那个没有"樱吹雪"的下午，我遇到了一间神奇的咖啡店，因为我居然在那里品尝到了小时候第一次鼓捣咖啡时的那种味道。那间咖啡店的名字叫 The Unir。因为这家咖啡店，我在京都多停留了两天。

那是我第一次在一个古朴的日式民居内喝到发源于西方的手冲咖啡。咖啡师推荐一款浅烘豆。轻抿一口，我一下就愣住了，思绪立刻回到20多年前，似乎那个第一次鼓捣咖啡的12岁懵懂少年就在眼前。人类对味道的记忆会潜伏在时光里，一旦被触及，会瞬间苏醒。我马上找咖啡师了解他的咖啡豆的来源和他的冲泡方法……

那一天，从下午到夜晚，我一直停留在那家咖啡店，连续喝了很多种不同风味的手冲咖啡。咖啡师非常细致地给我讲述了咖啡风味和咖啡产地的关联，每一种咖啡豆的冲泡过程中要做哪些细节调整，为什么好的咖啡豆除了慢冲煮还要慢品尝……

在那个日式民居里度过的咖啡时光，深深留在了我的记忆里。十几年过去，我依旧记得那种对一杯咖啡欲罢不能的场景……场景！是的，不仅是咖啡、咖啡师与咖啡店，更是一杯咖啡所连接的咖啡产地、咖啡制作方式，以及慢下来品尝一杯咖啡的心情与氛围。

再去京都，已是8年后的2017年。8年前我去过的咖啡店大多还在营业，立着"喫茶店"招牌的咖啡店里，年轻的咖啡师变多了，但京都的年轻咖啡师仍然和全世界其他城市的时髦年轻咖啡师完全不一样。尤其是见过冈田咖啡的主理人冈田章宏后，这个感觉更强烈了。

冈田章宏早已是京都咖啡行业的一名网红。他之所以在咖啡界声名鹊起，是因为他在日本咖啡师竞技比赛中荣获大奖，也要归功于他的"少年感大叔"气质。"少年感大叔"不同于时髦大叔，时髦大叔是追逐流行的，"少年感大叔"更追求一种由内而外的年轻态。冈田章宏的这种气质也很"京都"——有年代感，但一点也不令人感觉陈旧与落寞。

第 1 章　在旅行中寻找咖啡，在咖啡里读懂世界

23

冈田咖啡馆位于一个小巷尽头，这座日式老建筑的入口立着一个带有冈田剪影的招牌。这里的咖啡豆很新鲜，黑咖啡也格外浓郁。冈田章宏擅长意式咖啡，尤其是他的拉花，简直是一绝。除了经典的郁金香拉花，还有他独创的浮世绘拉花，最受欢迎也是游客必点的是富士山拉花。他大声招呼、满面笑容、活力四射的样子，为古老的京都增添了独特的趣味。

和我同时代的人，都非常熟悉日本演员高仓健，他曾说："旅行中有各种各样的风，风中有各种各样的香气。无论是怎样的风，对我来说，重要的是咖啡的香气。"

半个世纪前，高仓健经常光顾的咖啡店"花之木"今天依然伫立于京都。很多人去"花之木"，在一杯咖啡里寻找一个时代的踪迹，就像很多人去京都，试图在一个远去的时代里寻找东方的痕迹。

在京都，你能感觉到仿佛有无数往事穿行于东方，有无数情感跨越了千年。而那些传承了古老风情的"喫茶店"和融入现代风格的咖啡馆，通过一杯咖啡，使东西方的文化交融在一起，汇入这座古老城市的血脉。

去京都，感受一杯咖啡，怎样跨越千年。

一 巴黎：
咖啡与时尚的对话

　　"巴黎是欧洲的咖啡馆"，第一次听到这句话是在 2010 年，在法国时尚设计师协会主席格拉斯曼（Glassman）先生的设计工作室。他的设计工作室的一部分也是一个对外开放的咖啡馆。换句话说，他是在咖啡馆里做时装设计。格拉斯曼先生酷爱咖啡，每天固定要喝 6 杯浓缩咖啡。他非常了解咖啡怎样从非洲经中东传到欧洲，然后在巴黎经历了 500 年时光的沉淀。每次和格拉斯曼先生沟通完工作后，他都会带我走一走午夜巴黎，尤其是街巷里那些有历史、有意思的咖啡馆。

　　格拉斯曼先生喝咖啡的方式很特别：先慢慢喝一口浓缩咖啡，再倒入热牛奶；然后又喝一口，再倒入热牛奶；如此循环，最后成了稀薄的咖啡混在牛奶里……我问他为什么这样喝，他大笑"据说海明威就是这样喝咖啡"。

第1章　在旅行中寻找咖啡，在咖啡里读懂世界

"在巴黎咖啡馆，咖啡不是主角——人，才是。"格拉斯曼先生的这种表述颇为颠覆认知。但当你行走在巴黎那些古老而又窄长的街道，随便走进一家咖啡馆，它都有上百年的历史。当你从一家咖啡馆走出来，站在古老街区中，抬头仰望那窄窄的天空，你会意识到，海明威、伏尔泰、德彪西、莫奈、毕加索……也曾在这里仰望。于是，你会疑惑：巴黎的咖啡本身并没有什么特别，为什么巴黎会有这么多百年咖啡馆？为什么巴黎会被称为欧洲的咖啡馆？

"没有咖啡，就不会有巴黎的沙龙文化，也不会有如此繁盛的欧洲文艺复兴。"巴黎咖啡馆会聚了那个时代优秀的文学家、艺术家、哲学家、社会活动家……他们在咖啡馆或安静创作，或高谈阔论。他们在巴黎咖啡馆影响了一个时代，他们也在巴黎咖啡馆创造了一个时代。

毕生潦倒的梵高曾住在巴黎一家咖啡馆的阁楼里，他留下的旷世名作《夜晚的咖啡馆》，表达的不是他的梦想，而是与咖啡有关的艺术家的日常生活。

"艺术是时尚的源泉，没有艺术家的会聚就不会有法式优雅，也不会有巴黎时尚。"从这个角度，巴黎是欧洲艺术家们的会客厅，而会客厅哪能没有咖啡呢？

那些 17 世纪的艺术家，18 世纪的哲学家，19 世纪的思想家，他们因为巴黎咖啡馆的沙龙而会聚，他们因为巴黎咖啡馆的存在而迸发了创作灵感，提高了思考深度。由此，巴黎咖啡馆成为无数小说家、剧作家、诗人、画家、音乐家的"第二个家"……围绕巴黎咖啡馆发生的这一切，使得巴黎的生活方式因艺术而优雅，因优雅而时尚。

塞纳河缓缓流过巴黎市中心。在风景秀丽的塞纳河畔，矗立着几十座具有百年历史的画廊、书店、博物馆、艺术馆。在它们周围，是数家同样有着百年历史的咖啡馆。来自不同地区、不同国家的文化爱好者会聚在这里，编织他们的梦想，碰撞出思维的火花。巴黎咖啡馆以一种平和的姿态，召唤着那些或功成名就，或尚未成名的人。所以，人们来到巴黎，坐在巴黎的咖啡馆里，在乎的不只是咖啡的风味，还有咖啡馆所营造的文化氛围。

　　"我不在家，就在咖啡馆；不在咖啡馆，就在去咖啡馆的路上。"就像法国文豪巴尔扎克这句名言所体现的那样，巴黎的咖啡馆既是许多人的生活空间，也是艺术家们的创作空间。

　　海明威曾说："假如你有幸年轻时在巴黎生活过，那么你此后一生中不论去到哪里，它都与你同在……""但是，如果没有咖啡馆呢？如果没有一杯温暖的咖啡，如果没有一杯谁都买得起的咖啡，如果没有那些咖啡馆即兴沙龙里的高谈阔论，那些或意气风发或流离落魄的年轻人，就会找不到灵魂。"格拉斯曼先生说。

徐志摩曾说："如果巴黎少了咖啡馆，恐怕会变得一无可爱。"连徐悲鸿与林风眠这样的国画艺术家，当年到巴黎美术学院学习，也一样会在巴黎大街小巷的咖啡馆里，寻找创作热情与艺术灵感。

　　过去，巴黎咖啡馆中的文化社交影响了一个时代；今天，巴黎咖啡馆所代表的生活方式，继续演绎着别具一格的法式优雅与时尚文化。

一 加州：
咖啡文化浪潮的缘起与兴盛

　　2005 年 8 月，我特地去了一趟位于美国加利福尼亚州（以下简称"加州"）西雅图派克市场的星巴克一号店。朴素的招牌，简陋的空间，排长队购买咖啡的人群……星巴克一号店的咖啡并没有特别的风味，但作为星巴克的发源地，这家店在全世界 3 万多家星巴克门店中始终拥有最独特的地位，咖啡爱好者从世界各地涌来，并不生产咖啡豆的加州西雅图就这样成了当代咖啡兴盛的一大源头。

　　大约 1000 年前，咖啡在非洲埃塞俄比亚的灌木丛中被发现。约 500 年前，咖啡通过中东开始向欧亚传播。第二次世界大战期间，咖啡因其提神的功效被纳入军用物资，随着战争的影响向全世界扩散，速溶咖啡登上历史舞台。速溶咖啡时代（20 世纪 40 年代至 60 年代）咖啡在全世界的普及，被称为"第一次咖啡浪潮"。

　　1966 年，荷兰咖啡烘焙商的儿子阿尔弗雷德·皮特（Alfred Peet）将高品质咖啡豆和咖啡烘焙设备带到了美国加州的伯克利，并开设了第一家销售深烘焙咖啡豆的店铺 Peet's Coffee。受他影响，三个年轻人将深烘焙咖啡带到加州西雅图，并用意大利人发明的意式咖啡机萃取浓缩咖啡液作为基底，制作新型咖啡饮品。于是，第一家星巴克咖啡店在西雅图诞生。20 世纪 60 年代到 21 世纪初，随着星巴克在全世界以连锁的方式进行大规模扩张，以深烘焙咖啡豆和浓缩咖啡为特征的"第二次咖啡浪潮"席卷全球。

第一章　在旅行中寻找咖啡，在咖啡里读懂世界

21 世纪，人们不再满足于连锁咖啡店标准化的深烘焙的咖啡豆和咖啡产品，转而追求咖啡豆原始的风味。这促使咖啡种植进入精品化时代，也让咖啡制作方式变得越来越个性化。于是，倡导精品咖啡豆浅烘焙、保留咖啡原味的手冲咖啡等逐渐兴起。与此同时，在传统意式咖啡中融入拉花的精湛技艺也让咖啡和咖啡师进入生活美学范畴……从此，咖啡种植与咖啡制作全面进入咖啡精品化与咖啡美学化时代（21 世纪初至今），这一过程也被称为"第三次咖啡浪潮"。

　　创立于美国加州奥克兰的"蓝瓶咖啡"（Blue Bottle Coffee）是推动第三次咖啡浪潮的一大功臣。蓝瓶咖啡创立于 2002 年，创始人詹姆斯·弗里曼（James Freeman）是一位单簧管演奏家。他受到日本手冲咖啡迅猛发展的启发，决定在美国推广用新鲜烘焙的咖啡豆制作的精品手冲咖啡。

　　蓝瓶咖啡在每个环节都强调精品咖啡理念。从咖啡的精细化种植，到咖啡豆的新鲜烘焙和手冲咖啡的现场制作，再到体现当地文化特色的"千店千面"的装修风格，蓝瓶咖啡都呈现出了区别于其他商业咖啡馆的超高品质。蓝瓶咖啡快速在美国打响了名气，随后在日本东京开办了海外首店。此后，蓝瓶咖啡的精品咖啡理念深入人心，分店从日本开到了韩国、中国。蓝瓶咖啡让全世界见识了精品咖啡的魅力，推动了第三次咖啡浪潮的兴起，它的传奇故事也广为流传。

一 伊斯坦布尔：咖啡制作的地域范本

"如果世界是一个国家，它的首都一定是伊斯坦布尔。"法兰西第一帝国皇帝拿破仑曾经这样称赞伊斯坦布尔。

"一个人若只能看这个世界一眼，这一眼应该看向伊斯坦布尔。"法国作家拉马丁（Lamartine）曾经这样评述伊斯坦布尔。

"如果要了解咖啡的世界，这一生一定要去一次伊斯坦布尔。"这是我 2010 年第一次去伊斯坦布尔时的感叹。

亚洲在东，欧洲在西，伊斯坦布尔坐落在亚洲与欧洲的交界处，是陆海丝绸之路的交汇点，也是世界第一家咖啡馆的诞生地。

在咖啡的世界里，伊斯坦布尔是咖啡传播历史的象征。因为发源于非洲的咖啡最早就是从伊斯坦布尔跨越博斯普鲁斯海峡传往欧洲，也因为世界上第一家咖啡馆诞生于伊斯坦布尔，还因为土耳其人在伊斯坦布尔发明并一直保留着古老的咖啡烹煮方式：土耳其沙煮咖啡。

14 世纪，咖啡作为贡品被献给了土耳其奥斯曼帝国的苏丹。专门负责烹煮咖啡的仆人发明了一种长柄铜壶"Cezve"，用炭火将铜沙盘里的细沙烧热，再将咖啡豆磨成极细的粉末，和香料一起放入长柄铜壶，加水搅拌后移入铜沙盘慢速加热，并多次将长柄铜壶从炙热的铜沙盆里移进移出，使壶内的液体反复沸腾，最后得到一杯如黑色稀泥浆一样的"神秘黑水"。

　　苏丹宫廷发明的这种特殊的烹煮方式，让具有提神作用的"神秘黑水"异香扑鼻，随后土耳其咖啡迅速在中东地区流传开来，土耳其咖啡馆也成为上层社会的聚会场所，一系列与咖啡有关的民间仪式文化随之诞生：从待客之道到婚嫁习俗，从外交礼节到社交方式，咖啡都扮演着重要的角色。

土耳其咖啡馆一改非洲"神秘黑水"的原始风貌，来自欧洲各国和中东地区的商人和贵族都被这异香扑鼻的饮品所吸引，每日不离，欲罢不能，并将它带到了欧洲和世界其他地区。

烹煮方式是土耳其咖啡与其他咖啡最大的区别。只有烤得特别香、磨得非常细的咖啡豆才能制作出一杯美味的土耳其咖啡。用长柄铜壶慢煮出来的咖啡是不过滤的，将状如泥浆的咖啡液静置一小段时间后，大部分咖啡粉会沉在杯底，所以喝咖啡时难免会喝到一些咖啡粉末。在土耳其传统咖啡文化里，喝完咖啡后不能用水漱口，因为那样表示咖啡不好喝。当然，现在你去伊斯坦布尔，咖啡馆也会为客人准备一杯清水，喝完咖啡之后漱一下口是现代生活的需要，因为确实会有细小的咖啡粉粘在嘴唇和牙齿上。

土耳其人喝咖啡，喝得慢条斯理，甚至衍生出一套如茶道般的程序。喝咖啡时不但要焚香，还要撒香料、闻香。琳琅满目的咖啡壶具，更充满天方夜谭式的风情。一杯加了丁香、豆蔻、肉桂的土耳其咖啡端上来时满屋飘香，不用喝，只是看一眼、闻一闻，你就能感受到它摄人心魄的神秘力量。

咖啡文化绵延千年，日渐多元化。世界各地的咖啡生活方式运动风起云涌，煮咖啡很大程度上被机器或简化的手冲方式所取代，土耳其咖啡壶和土耳其咖啡逐渐远离人群，远离都市，但它仍然充满着神秘的魅力。

　　土耳其咖啡需要细心慢煮，需要身心宁静，每一次烹煮都仿佛一种古老的仪式：手中是修长的手柄，眼前是移动的雕花铜壶，当杯中泛起浓稠的泡沫，浓郁的醇香瞬间扑鼻而来。透过一杯咖啡，依稀能看见时代变迁里的伊斯坦布尔，以及沧海桑田里的旧日帝国。

　　如果你在伊斯坦布尔，如果你正好沉浸在一杯土耳其咖啡的醇香里，如果此时伊斯坦布尔清真寺的宣礼声响起，各个清真寺的喇叭里传来此起彼伏的唱诵声，在这种虔诚的氛围里，在土耳其咖啡的香气里，你的内心会升腾起一种久违的宁静。祷告仪式结束后，那杯咖啡仍如梦幻般在你眼前，仿佛跨越了千年。

一 威廉姆斯港：
带着咖啡去南极旅行

南极是纯净与静谧的冰雪世界，是值得跨越千山万水去追寻的梦想之地。

2019 年 5 月，智利将威廉姆斯港由小镇升级为城市，从此，它取代阿根廷的乌斯怀亚成为世界最南端的城市，被称为新的"世界的尽头"。2022 年底，我预订了一年后从威廉姆斯港出发前往南极的船票。2023 年 11 月——在我 2012 年前往乌斯怀亚却没去成南极的 11 年后，我带上咖啡，再次开启了探访南极的旅行。

11 月至次年 3 月，是南极的夏季，气温在零下 10 度左右，不会冷到不能接受。这个季节，风暴也不会过于猛烈，每年南极探险季就只有这几个月。夏季过去，零下 70 摄氏度的严寒与 14 级以上的风暴会构成双重封锁，使人类难以到达南极。

南极探险船一般会提前一年售票，我坐的这艘船售出110张船票，但实际只有97人登船。极地探险和雪山攀登一样，总会有难以预料的事发生。97位探险者来自16个国家，有7位中国人。年龄最大的是一位来自英国的81岁绅士，最年轻的是一位66岁的西班牙老婆婆带着的11岁男孩。还有不少人来自中东地区，以及印度和越南。大家大多能说简单的英语，虽然口音各异，但辅以肢体动作和面部表情，相互都能交流。实在不能交流时，端着咖啡与酒，相视一笑，也是人类特有的默契。

此前，我几乎不晕船、不晕机，也不晕车，但旅途的第一天，探险船穿越号称"魔鬼走廊"的德雷克海峡时，我却没能扛住，深刻体验了什么是"天旋地转""翻江倒海"。吃药头晕，不吃药呕吐，只能一动不动地躺着。好不容易熬到第二天天亮，我手冲了一杯耶加雪菲，不顶事，又换深烘焙的曼特宁，用摩卡壶煮了一杯浓缩咖啡，一口喝下，终于"活"了过来。

忽然想起 11 年前在乌斯怀亚等待南极探险船的那个下午，也是一杯浓缩咖啡唤醒了寒风萧瑟中的我……咖啡不是一成不变的，我们所处的环境不同，当下的心情和身体状态不同，可能适合饮用的咖啡也不同——由不同的咖啡豆和不同的冲煮方式来制作。在阳光明媚的深圳，适合喝上一杯果香四溢的手冲瑰夏；可是在去往南极的寒冷刺骨的路上，唯有一杯深烘咖啡才能唤回那个充满活力的自己。

巨大的探险船即使在狂风巨浪中也不会过于颠簸，但我们仍不敢走出船舱。近处就是阴云密布下的苍茫大海，隔着舷窗就能感知到接下来 20 天的南极旅途会面临怎样未知的风险。喝完最后一口咖啡，我忽然笑了：本就是来探险的啊，充满未知风险的旅程，才会有充满未知的风景。

在南极，时光似乎也如无尽的冰雪一般冻结起来，但奇怪的是，思维却会在冰天雪地里闪耀。虽然眼前不是白茫茫的雪山，就是一望无际的冰海，但过去的那些喧闹沸腾还是会不断闪现，与满目的苍茫形成强烈的对比。我们在荒凉的冰雪间看到了企鹅，它们有的形只影单，有的成群结队。电影《帝企鹅日记》里说：冰雪摧残下，活着是如此艰难，它们不得不在风雪中抱团取暖，它们仰头高叫，等待夏季的到来……人类世界和企鹅世界一样，安身立命、繁衍后代，一代一代的企鹅是如此，一代一代的人类也是如此，周而复始。

世界的尽头是什么？世界的尽头是生命，再严酷的世界的尽头也可能有某种形式的生命存在。生命的意义是什么？活着，生动地活着，生命就有了意义。

每一个去南极的人，在出发前都以为回来后会有一千零一夜也讲不完的故事；但去过南极的人，往往不会轻易讲述去南极的故事。无论是在巨型冰山脚下，还是在巨浪滔天的德雷克海峡，我都会感知不到自己的存在，那种令人窒息的美带来的是人对大自然的敬畏。

一天上午，探险船缓缓向一座冰山驶去，忽然，远处传来隐隐约约的轰鸣声，广播告知前方冰山发生断裂，有遭遇海啸的风险，探险船需要马上离开。还没来得及掉转船头，山崩地裂的巨响就滚滚而来。那一刻，所有人都出奇地安静……安静，并不是因为害怕，而是庞大的冰山轰然断裂，又令人猝不及防地沉入大海，在一连串巨大的轰鸣声里，语言失去了效力，惊叹归为无声……除了无声的惊叹，还有一种刻骨铭心的震撼：人类是如此渺小，似乎大声惊叹都会惊扰大自然而引发未知的危险……

21天的南极探险旅程，越到后面，危险的氛围越淡。或许一路上我也越来越明白，生命本就是一场冒险。很多乘客都带了专业相机，以为自己会拍很多风景照，但是大部分人越到后期越安静，每个人似乎都在经历一场对世界尽头的思考……当探险船驶离最后一个南极登陆点，所有人都站在甲板上，安安静静地看着那片寂静的白色大地，内心涌出不舍之情，因为我们知道，这一生我们都很难再回到南极。

每一次登陆，每一次从震撼人心的冰雪世界依依不舍地返回船舱，我都会感觉一阵恍惚，此时，我最需要的是用一杯咖啡把自己唤回真实世界。船上有一个咖啡吧，人们聚在这里喝咖啡，往往是点一杯浓缩咖啡，一饮而尽，我去了一次便没有再去。虽然我知道南极旅行会聚的是同频的人，就像陆地上的那些有特色的咖啡馆会将同一类人会聚在一起，但咖啡于我，是思考与写作的前奏，哪怕是在南极，我仍然习惯于单独和自己喜欢的咖啡在一起。

旅途最后一天的日出时分，探险船回到威廉姆斯港。我一大早就起来用摩卡壶制作南极旅行的最后一杯咖啡，彼时的威廉姆斯港，狂风暴雨。喝完咖啡，走出船舱，那一刻的我，没有依依不舍，也没有豪情万丈。历经11年的等待，我终于实现了"带着咖啡去南极"的梦想。但在返程的途中，我渐渐意识到：在这个梦想里，咖啡并没有那么重要，南极也不比咖啡重要，但在我11年的期盼里，为什么这趟旅行会如此重要？

从11年前去往"世界的尽头"乌斯怀亚，到11年后从新的"世界的尽头"威廉姆斯港再出发，带着咖啡去南极是目的吗？不是！感知世界的尽头是目的吗？也不是！寻找更好的自己，才是！

咖啡是一种日常，南极是一种不寻常。
带着日常的咖啡去往不寻常的南极，
是在寻常的人生里寻找不寻常的自己。

——临风君

第2章

咖啡的世界原来很简单

喜欢一杯咖啡，喜欢的是一杯咖啡里的生活梦想。

6 种常见的咖啡产品

很多人心里都有独属于自己的一段有关咖啡的记忆，或是发生在纯真烂漫的学生时光，或是与一份久远的情愫交织……那些时光里的记忆，都和一个时代的咖啡产品关联在一起。

20 年前，星巴克才刚刚进入中国市场，当时大多数人的咖啡记忆，都离不开雀巢三合一，它是很多"70 后""80 后"的成长印记……那个年代，雀巢速溶咖啡几乎就是咖啡的代名词，也是很多人的咖啡入门产品。

10 年前，胶囊咖啡与冻干咖啡出现在人们的日常生活里，"80 后""90 后"的咖啡记忆，除了街角的咖啡馆以外，多了随时可以获得的胶囊咖啡与咖啡冻干粉带来的原汁原味。

及至当下，随着精品咖啡豆的逐渐普及，手冲咖啡得以逐渐走入现代都市人的日常生活。挂耳咖啡与冷萃咖啡液也成为精品咖啡爱好者方便的替代品。

无论是午后的阳光慵懒，还是夕阳下的晚风拂面，那些简单的欢喜，那些通透的忧伤，都可以用一杯咖啡的淡淡苦涩与浓浓醇香来陪伴。

咖啡豆

挂耳咖啡

速溶咖啡

胶囊咖啡

咖啡冻干粉

冷萃咖啡液

咖啡豆

咖啡豆产品是生豆经过烘焙后密封保存的熟制咖啡豆。

优　　点：咖啡豆现磨，能最大限度地保留咖啡豆本身的风味。

缺　　点：咖啡豆研磨与咖啡液萃取，都需要一定的操作基础。

设　　备：意式咖啡机、手冲器具、虹吸壶、摩卡壶、冷萃壶等。

代表产品：手冲咖啡、浓缩咖啡、美式咖啡、拿铁咖啡等。

挂耳咖啡

挂耳咖啡是将咖啡豆磨成粉后，装在挂耳滤袋中密封保存的便携式咖啡产品。

优　　点：较完整地保留了咖啡豆本身的风味，操作简单，方便携带。

缺　　点：单价较高，需要自己动手冲泡，开封后风味消散较快。

设　　备：一杯一壶即可冲泡，操作简单。

速溶咖啡

速溶咖啡是由咖啡粉、植脂末、白砂糖按一定比例混合而成的粉状速溶咖啡产品。

优　　点：方便携带，价格低廉，随时都可以用热水冲泡。

缺　　点：含有一定的糖、植脂末、食品添加剂，热量较高。

设　　备：不需要特殊设备，有杯子、有热水即可冲泡。

胶囊咖啡

胶囊咖啡是将咖啡豆研磨成咖啡粉，密封在由硬塑料或者铝箔特制的胶囊中，饮用时，将胶囊咖啡放入专用的胶囊咖啡机中，以快速萃取咖啡液的一种预包装半成品咖啡。

优　　点：方便快捷，操作简单，口味多样。

缺　　点：需要使用专用的胶囊咖啡机，且不同品牌的胶囊咖啡机往往不兼容。

设　　备：需要咖啡胶囊，也需要专用的胶囊咖啡机。

咖啡冻干粉

咖啡冻干粉是在咖啡加工厂将萃取出的咖啡液，在零下 40 摄氏度左右的温度下，进行约 36 小时冻干工艺处理获得的咖啡加工产品。

优　　点：冻干工艺能快速锁住咖啡风味，可常温保存，冲泡简单。

缺　　点：受制于工业化萃取方式和冻干工艺，部分产品的品质不够稳定。

设　　备：不需要特殊设备，有杯子和热水即可冲泡。

冷萃咖啡液

冷萃咖啡液是经过 10 小时低温慢速萃取，得到咖啡原液，再经过过滤、浓缩、杀菌等技术处理后获得的预包装咖啡液产品。

优　　点：较大程度地保留了冷萃咖啡的特质，口感层次分明，风味独特。

缺　　点：需要冷藏，长途运输也需要冷藏箱包装，长时间存放会影响口感。

设　　备：不需要特殊设备，开袋即可饮用，或是加冰、加水、加牛奶饮用。

第 2 章　咖啡的世界原来很简单

所有的咖啡产品，都是一颗种子的变体。从咖啡产品本身来说，它们只有时代的差异，没有好与不好之分。无论是速溶咖啡，还是冻干咖啡，都有它存在的理由。所以，我们可以根据自己的喜好选择不同的咖啡产品，不必理会别人的评说。

　　每个人的咖啡记忆，或许伴随着秋天的暖阳，或许伴随着路灯下的等待与彷徨。那些与咖啡有关的片段，记录着你穿过繁华大街的拥挤人群，记录着你走过寂静小巷的斑驳树影……那些咖啡，早已超越咖啡本身的意义，那些咖啡，曾和我们一起，走过岁月，走过自己。

12 种在咖啡店常见的咖啡

你是从什么时候开始喝咖啡的？

你是否还记得第一次点咖啡时的茫然无措？

你是否还记得喝下第一口咖啡时的不安与好奇？

没有人一生下来就懂咖啡，更没有人第一次进咖啡店就知道怎么点咖啡。我也一样，尽管我 12 岁就开始自己鼓捣咖啡烘焙。很多人最初会在咖啡店里点玛琪雅朵或卡布奇诺，纯粹是因为在咖啡店的菜单上，这两种咖啡的名字看着就很特别，听着也很好听（我曾经也是）。

当你尝试过更多咖啡，你会发现，遮盖了一层奶泡的玛琪雅朵有点淡，似乎更合适傍晚。而卡布奇诺浓郁的奶香能将一杯平淡的咖啡变得香醇，不喜欢咖啡的人也会为它着迷。而现在，我已经很少点玛琪雅朵和卡布奇诺。我会迷恋早餐时燕麦拿铁的齿颊留香，我会在下午用一杯浓缩咖啡消解午间的疲惫，我会在傍晚让一杯手冲咖啡的仪式感充填整个书房，让灵感喷涌而出……

当咖啡成为一种热爱与习惯，你就能细数咖啡菜单上不同咖啡之间细微的区别。

浓缩咖啡
Espresso

● 浓缩

美式咖啡
Americano

● 水
● 浓缩

卡布奇诺
Cappuccino

● 奶泡
● 牛奶
● 浓缩

拿铁咖啡
Cafe Latte

● 奶泡
● 牛奶
● 浓缩

抹茶拿铁
Matcha Latte

● 牛奶
● 抹茶液

燕麦拿铁
Oat Latte

● 燕麦牛奶
● 浓缩

玛琪雅朵
Macchiato

● 奶泡
● 浓缩

脏脏咖啡
Dirty Coffee

● 浓缩
● 冰牛奶

馥芮白（澳白）
Flat White

● 奶泡
● 牛奶
● 浓缩

焦糖玛奇朵
Caramel Macchiato

● 焦糖浆
奶泡
● 牛奶
● 焦糖浆
● 浓缩

摩卡咖啡
Mocha Coffee

● 奶泡
● 牛奶
● 巧克力浆
● 浓缩

手冲咖啡
Pour Over Coffee

● 咖啡

● 浓缩

浓缩咖啡
Espresso

浓缩咖啡通常是以意式咖啡机经过高温高压蒸汽萃取制作出的咖啡液，也称意式浓缩咖啡。浓缩咖啡可以单独饮用，也可以加入牛奶等其他成分制作成拿铁咖啡、卡布奇诺、玛奇雅朵等。

[制作配方]
单份浓缩咖啡：7~10g 咖啡粉，萃取 18~25ml 咖啡液。
双份浓缩咖啡：14~20g 咖啡粉，萃取 36~50ml 咖啡液。

● 水
● 浓缩

美式咖啡
Americano

美式咖啡是在意式浓缩咖啡的基础上加水制成的。加热水就是热美式，加冷水和冰块就是冰美式。相较于浓郁的意式浓缩咖啡，美式咖啡的接受度更广，口感更加平衡，并能根据个人喜好增减水量，实现咖啡风味的层次变化。

[制作配方]
单 / 双份浓缩咖啡 +100~200ml 冷 / 热水。

● 奶泡
● 牛奶
● 浓缩

卡布奇诺
Cappuccino

卡布奇诺咖啡是用三分之一意式浓缩咖啡、三分之一蒸汽牛奶和三分之一奶泡，并在上面撒上肉桂粉末制成的。如果不喜欢肉桂，也可以不添加。

[制作配方]
单 / 双份浓缩咖啡 +150ml 牛奶（打发 2cm 奶泡）。

○ 奶泡
○ 牛奶
● 浓缩

拿铁咖啡
Cafe Latte

拿铁咖啡是意式浓缩咖啡和牛奶混合而成的经典咖啡。拿铁咖啡的鲜牛奶占比达到 80%，而浓缩咖啡只占 20%，牛奶的填充让拿铁咖啡的口感丝滑香甜，因此很多人喜欢在早餐时来一杯拿铁咖啡。

[制作配方]
单 / 双份浓缩咖啡 +200ml 牛奶（打发 1cm 奶泡）。

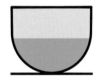

○ 牛奶
● 抹茶液

抹茶拿铁
Matcha Latte

抹茶拿铁不是咖啡。拿铁（latte）在意大利语里是"牛奶"的意思，"红茶拿铁""抹茶拿铁"等都是现代咖啡馆研制出的新品类，更像是奶茶，并不含咖啡。

[制作配方]
10g 抹茶粉 + 50g 开水（搅拌均匀）+200ml 牛奶（打发 1cm 奶泡）。

○ 燕麦牛奶
● 浓缩

燕麦拿铁
Oat Latte

燕麦拿铁是现代咖啡店的明星产品。燕麦拿铁和普通拿铁的区别是原料不同、口感不同。燕麦拿铁是浓缩咖啡加入燕麦牛奶做成的，而普通拿铁是用浓缩咖啡加普通牛奶做成的。

[制作配方]
单 / 双份浓缩咖啡 +200ml 燕麦牛奶（打发 1cm 奶泡）。

玛琪雅朵
Macchiato

○ 奶泡
● 浓缩

玛琪雅朵是在意大利浓缩咖啡中，只加入两大勺绵密细软的奶泡，不加牛奶。由于牛奶量很少，玛琪雅朵基本保留了意式浓缩咖啡的口感和风味，这使它和拿铁咖啡、卡布奇诺有着明显区别。

[制作配方]
单 / 双份浓缩咖啡 + 两勺奶泡。

脏脏咖啡
Dirty Coffee

● 浓缩
○ 冰牛奶

制作脏脏咖啡的时候，由于浓缩咖啡是缓缓倒入杯中的，从视觉上看，整杯咖啡表面被咖啡油脂覆盖，显得有点脏，这也是脏脏咖啡这个名字的来历。饮用过程中不用搅拌，大口喝，更能体会到从浓缩咖啡的醇厚到牛奶的清甜的口感变化。

[制作配方]
双份浓缩咖啡 + 冰牛奶（杯中先倒入冰牛奶，再缓缓倒入浓缩咖啡）。

馥芮白（澳白）
Flat White

○ 奶泡
○ 牛奶
● 浓缩

馥芮白（澳白）是起源于澳大利亚的牛奶咖啡。很多人分不清澳白、拿铁和卡布奇诺的差别。从牛奶与咖啡液的比例看，澳白使用的牛奶比拿铁和卡布奇诺都少，所以风味上，拿铁和卡布奇诺的奶味较重，澳白的咖啡味浓厚。最简单的区分方式则是看奶泡：澳白的奶泡最薄，拿铁咖啡的奶泡厚度居中，卡布奇诺的奶泡在三者中最厚。

[制作配方]
双份浓缩咖啡 +120ml 牛奶（打发 0.5cm 奶泡）。

● 焦糖浆
　奶泡
● 牛奶
● 焦糖浆
● 浓缩

焦糖玛奇朵
Caramel Macchiato

焦糖玛奇朵和玛琪雅朵不太一样，它的名字就暗示着它较甜。制作上，除了会加入焦糖浆外，还会加入打发的蒸汽牛奶，奶泡表面通常还会再淋上焦糖浆，喝起来适口性更强，奶泡表面的焦糖浆形成的图案也很漂亮。

[制作配方]
单 / 双份浓缩咖啡 +15ml 焦糖浆 +200ml 牛奶（打发 1cm 奶泡）。

　奶泡
● 牛奶
● 巧克力浆
● 浓缩

摩卡咖啡
Mocha Coffee

摩卡咖啡的历史十分悠久，它是由意式浓缩咖啡、巧克力浆、牛奶混合而成的，有些区域的摩卡咖啡会加上鲜奶油，通常还会在表层用巧克力浆雕花。所以摩卡咖啡以其浓郁而复杂的风味闻名。它具有浓郁的巧克力和坚果的香气，伴随着浓缩咖啡的焦香味，口感丰富而醇厚。

[制作配方]
单 / 双份意式浓缩咖啡 +25ml 巧克力浆 +200ml 牛奶（打发 1cm 奶泡）。

● 咖啡

手冲咖啡
Pour Over Coffee

手冲咖啡都是用单一品种、单一产地的咖啡豆手工进行冲调的，也有一些咖啡店会使用自己烘焙的新鲜优质精品咖啡豆。因为手冲咖啡相比机器冲制的咖啡要柔和许多，所以手冲咖啡的风味层次更丰富。最有意思的是，手冲咖啡富有变化，即使是同样的豆子，不同的人也会冲出不同的味道，甚至同一个人在不同时间冲出的口味也不尽相同。

[制作配方]
15~20g 咖啡粉，88~92℃的水，咖啡粉与水的比例（以下简称粉水比）为 1：18~1：15。

热爱咖啡的人，往往会对咖啡感到好奇，想探究咖啡，因为咖啡的迷人之处是"人"的介入。不同的咖啡师会调整咖啡的制作细节，这些细微的调整会改变咖啡的风味与口感。

哪怕是同一家咖啡店，使用相同的配方，不同的咖啡师制作出来的咖啡也会有细微差异。所以，只有商业咖啡店才会为了开连锁店，将咖啡制作流程和配方固化。可是，咖啡豆是生命的载体，咖啡树上结的每一颗种子都不一样，这就注定了同一种咖啡的风味也不可能完全一样。用固化的制作流程与配方制作出的咖啡，犹如流水线生产的工业品，会失去一颗种子所承载的生命的温度。

对热爱咖啡的人来说，万千世界，是万千杯咖啡里的世界。就像伴随着四季变化，平时喝的咖啡也会有所改变：春的生机，需要温热的咖啡来融合；夏的热烈，需要咖啡加冰来平和；你会更愿意端一杯清淡的咖啡走进秋色秀丽；你会更愿意用一杯浓烈的咖啡来唤醒冬雪里的沉寂……

**咖啡迷人，并不是咖啡让人迷恋。
咖啡只是一个载体，
我们真正迷恋的不是咖啡本身，
而是啜饮咖啡的那个有温度的自己。**

——临风君

一 3大咖啡产区和9种常见的咖啡豆

当你手握一杯咖啡，你会感知到一杯咖啡里的岁月如水，但你往往不会意识到，这杯咖啡是来自千里之外。在世界的另一边，咖啡豆从种植者手中出发，它们跨越无数山海，才最终以一杯醇香咖啡的模样，被你感知到其中的温暖。

咖啡的种植区也很温暖，因为咖啡树是一种非常娇贵的植物，它们既不耐寒也不耐热，所以只能被种植在南北回归线之间的热带区域，形成独特的咖啡种植带。

即使在咖啡种植带内，不同产地的咖啡，风味也会有很大的差异。首先是因为，咖啡豆在生长阶段，会受到土壤养分、气候、海拔高度等各种因素影响，咖啡豆所汇聚的养分决定了它所蕴藏的原始风味。其次是不同的咖啡豆产区会采用不同的生豆处理方式，这也会对咖啡豆的风味形成较大影响。

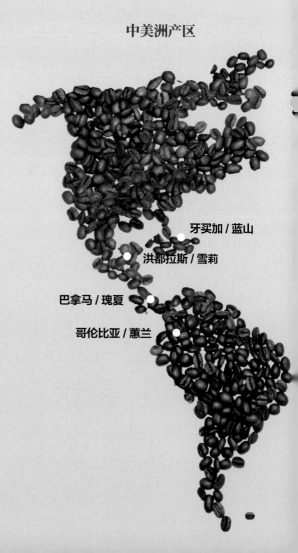

中美洲产区

牙买加 / 蓝山

洪都拉斯 / 雪莉

巴拿马 / 瑰夏

哥伦比亚 / 蕙兰

世界的尽头是一杯好咖啡

经过几百年的发展，全球形成了三大咖啡产区。经过各个国家咖啡爱好者的品鉴，9 种常见又公认好喝的咖啡豆脱颖而出。

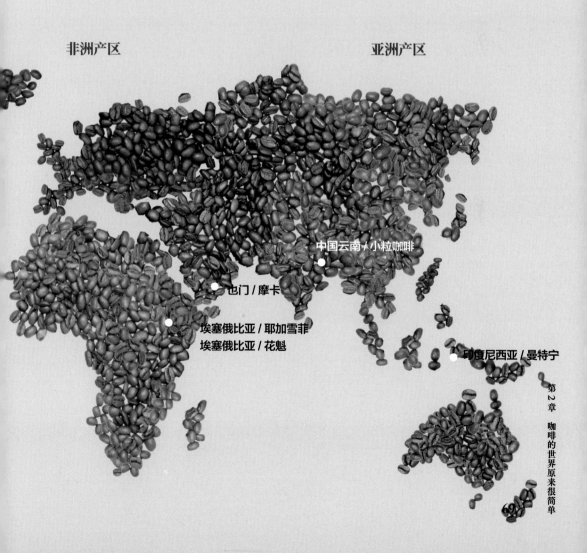

非洲产区

亚洲产区

中国云南 / 小粒咖啡

也门 / 摩卡

埃塞俄比亚 / 耶加雪菲
埃塞俄比亚 / 花魁

印度尼西亚 / 曼特宁

1. 曼特宁咖啡

曼特宁咖啡被公认为世界上口感最醇厚的咖啡,有着无可替代的地位。神秘而独特的苏门答腊岛的气候条件与土壤植被赋予了曼特宁咖啡浓郁的香气、厚实的口感、强烈的风味,曼特宁咖啡被称为咖啡中的绅士。这种咖啡适合中深烘焙。

著名产地:印度尼西亚苏门答腊岛北部。

口感风味:醇香浓郁,酸感轻快,层次丰富,苦中带甜。

2. 蓝山咖啡

蓝山咖啡的名称源自牙买加岛东部的蓝山山脉。这里有海拔 2000 米以上的山坡,拥有肥沃的火山土壤,加上适宜的气候,造就了蓝山咖啡绝无仅有的出产条件。蓝山咖啡是世界上最昂贵的咖啡之一,适合中烘焙。

著名产地:牙买加蓝山山脉。

口感风味:果香浓郁,顺滑醇厚,口感均衡,入口柔和,余味悠长。

3. 瑰夏咖啡

瑰夏咖啡的原生树种在埃塞俄比亚南部的瑰夏山,但瑰夏咖啡移植到巴拿马后,才一鸣惊人,焕发出了迷人的魅力。瑰夏咖啡多年来连续获得国际名豆杯测赛冠军,具有其他咖啡难以比拟的风味优势。瑰夏咖啡合适中浅烘焙。

著名产地:巴拿马翡翠庄园。

口感风味:花香清澈,果香浓郁,顺滑平衡,回甘甜蜜。

4. 耶加雪菲咖啡

耶加雪菲咖啡产自咖啡的故乡埃塞俄比亚。在埃塞俄比亚中部的耶加雪菲小镇附近，绵延不绝的山丘四季如春，孕育出耶加雪菲咖啡独有的柑橘口味与花香风味，成为非洲最负盛名的咖啡产区。耶加雪菲咖啡适合浅烘焙。

著名产地：埃塞俄比亚耶加雪菲小镇。

口感风味：花香持久甜蜜，果酸柔和轻快，口感清新明亮。

5. 花魁咖啡

花魁咖啡产自埃塞俄比亚中部山地的古吉产区。它具有独特、浓郁的花香与奶油草莓的香气，故被称为"花魁"。花魁咖啡适合中烘焙。

著名产地：埃塞俄比亚中部。

口感风味：花香浓郁，莓果风味独特，柑橘酸质柔和，口感风味均衡。

6. 蕙兰咖啡

蕙兰咖啡来自哥伦比亚中央山脉南部。这里地处热带，气候温和，火山土壤肥沃。独特的生长条件让这里出产的咖啡具有浓郁的果香。蕙兰咖啡适合中深烘焙。

著名产地：哥伦比亚蕙兰地区。

口感风味：果香馥郁，酸质明亮，坚果与焦糖风味明显，口感均衡柔滑。

7. 雪莉咖啡

雪莉咖啡名称的来历和其他咖啡不一样。雪莉是一种葡萄酒，放进雪莉酒桶里发酵的咖啡豆都称为雪莉咖啡豆。这种发酵工艺毫无疑问会让咖啡豆具有雪莉酒的酒香与橡木桶的香气。雪莉咖啡主要产自洪都拉斯。为了保留更多的酒香，雪莉咖啡更适合中浅烘焙。

著名产地：洪都拉斯。

口感风味：酒香浓郁，甜蜜丝滑，兼具果香与奶油风味。

8. 摩卡咖啡

摩卡咖啡是最古老的咖啡豆品种之一，它的名字来源于非洲红海边也门的摩卡港。它最初在也门种植，现在也被带到了中美洲各地。摩卡咖啡以香气丰富著称，适合中深烘焙。

著名产地：非洲也门。

口感风味：口感顺滑，气味芬芳，酸质明亮，略带酒香。

9. 小粒咖啡

中国云南西北部山区拥有理想的咖啡种植条件，这里出产的小粒咖啡极具辨识度。小粒咖啡已有上百年的种植历史，近年来逐渐被世界所认识，国际地位也越来越高。云南小粒咖啡适合中烘焙或中深烘焙。

著名产地：中国云南。

口感风味：花果香兼具，酸质平衡，口感醇厚，余味悠长。

再小的咖啡豆，也是一颗蕴含生命的种子。它曾经生长在世界的另一边，它曾经从那块广袤的土地中汲取养分，它曾经跨越千里……握在手中的是一杯咖啡，也是远方。

一 12 种常见的
咖啡器具

　　我走遍万水千山，也造访过上千家咖啡馆，可每走进一家新的咖啡馆，都会感觉像开盲盒一样，或许会遇见一杯喜欢的咖啡，或许不会。每天早晨，需要用一杯咖啡开启新的一天，早上的这一杯咖啡，我通常不会去咖啡店喝，而是会用我自己的咖啡器具，制作一杯有把握让自己心情明媚的好咖啡。很多人都像我一样，因为想要制作一杯属于自己的好咖啡，而开始对咖啡器具着迷。

　　最常见而又好玩的咖啡器具，是容易操作的手冲咖啡套装。然后是各种冲煮壶，或是价格不低的家用意式咖啡机。当咖啡器具逐渐进入你的生活，咖啡会和这些好看的器具一起，改变你的生活习惯，影响你的生活方式……于是，你会看到，咖啡壶里煮的是时间，咖啡杯里装的是生活。

手冲咖啡套装

法压壶

摩卡壶

虹吸壶

冰滴壶

冷萃壶

爱乐压

便携手压咖啡机

胶囊咖啡机

意式咖啡机

美式滴滤咖啡机

全自动咖啡机

操作难度：★★★★★
参考价格：300~3000 元

1. 手冲咖啡套装

手冲咖啡套装包括手冲壶、滤杯、滤纸、底壶、磨豆机、电子秤等器具，是一种冲煮过滤式的咖啡液萃取器具。

操作方法：

称量 15g 咖啡豆，用磨豆机现磨咖啡粉，将磨好的咖啡粉放入提前准备了滤纸的滤杯，然后按照 1:15 左右的粉水比，缓慢注入 88~92℃的热水，过滤萃取出一杯纯净轻薄的原味咖啡。

操作难度：★★
参考价格：50~300 元

2. 法压壶

法压壶由耐热玻璃瓶身和带拉杆的金属滤网组成，是浸泡式咖啡萃取壶。

操作方法：

向玻璃瓶内放入 25g 咖啡粉，按照 1:15 左右的粉水比倒入 88~92℃的热水，浸泡 3~5 分钟，下压法压壶自带的拉杆金属网，过滤出咖啡液。

3. 摩卡壶

摩卡壶是一种通过把水加热，产生蒸汽，用蒸汽压力萃取浓缩咖啡液的家用咖啡萃取壶。

操作方法:

中层粉槽放 15g 咖啡粉，按照 1∶8 左右的粉水比向下座加水，加热至产生蒸汽，蒸汽压力会将热水推至中层粉槽，使咖啡粉在热水的作用下充分萃取出咖啡液，咖啡液在蒸汽的压力下，继续向上涌进上壶，就得到了一杯香浓的咖啡液。

操作难度: ★★★
参考价格: 100~600 元

4. 虹吸壶

虹吸壶是通过给下壶的水加热，产生水蒸气，形成压力差，使热水被吸入上壶浸泡咖啡粉，萃取出香浓咖啡液的咖啡萃取壶。

操作方法:

上壶放置好过滤器，准备好 15g 咖啡粉，下壶以 1∶15 左右的粉水比加入热水，水沸腾后产生蒸汽，蒸汽压力会将热水推升至上壶，然后放入咖啡粉并轻轻搅动，1 分钟后关火。当下壶冷却，咖啡液就会通过过滤器从上壶吸回下壶。

操作难度: ★★★★
参考价格: 200~2000 元

操作难度：★★★
参考价格：200~3000 元

5. 冰滴壶

冰滴壶是用冰块融化过程中匀速滴下的冰水萃取咖啡液的咖啡萃取壶。

操作方法：
将 50g 咖啡粉放入冰滴壶中层加了滤纸的过滤器中，以 1：14 左右的粉水比，将冰块放入上层球体。当冰水从上层滴下时，调节滴漏阀门，使之 3 秒左右下落一滴冰水，6~8 小时完成咖啡液的冰滴萃取，然后取出下壶，放入冰箱冷藏发酵 12 小时后风味更佳。

操作难度：★
参考价格：50~300 元

6. 冷萃壶

冷萃壶是一种操作简单的浸泡式咖啡萃取壶。

操作方法：
在壶底内胆放入 50g 咖啡粉，按照 1：15 左右的粉水比添加常温水，放入冰箱中冷藏 8~12 小时，取出后过滤出咖啡液即可饮用。

7. 爱乐压

爱乐压是一种原理类似针筒推注的浸泡式咖啡过滤壶。

操作方法:

在筒里放入 15g 咖啡粉,按照 1：10 左右的粉水比浸泡、搅拌,然后下压推杆,咖啡液就会透过滤纸流入杯中。

操作难度：★★
参考价格：100~300 元

8. 便携手压咖啡机

便携手压咖啡机是一种方便携带、操作简单的新型手动加压咖啡萃取器具。

操作方法:

准备好 8g 咖啡粉,倒入便携式手压咖啡机的粉杯,然后将开水倒入水仓,粉水比 1：10 左右,随后手动按压压杆装置,就能方便快捷地萃取出一杯浓缩咖啡。

操作难度：★★
参考价格：150~5000 元

9. 胶囊咖啡机

胶囊咖啡机是一种将胶囊咖啡中的咖啡粉注入热水，快速萃取出浓缩咖啡的新型咖啡萃取机器。

操作方法：
将胶囊咖啡放入胶囊咖啡机的胶囊仓内，检查水箱，放好杯子，启动机器即可自动萃取出一杯浓缩咖啡。

操作难度：★
参考价格：200~2000 元

10. 意式咖啡机

意式咖啡机是起源于意大利的半自动咖啡萃取机器，也是现代咖啡店使用得最为广泛的意式浓缩咖啡萃取机器。使用者需要对咖啡制作有一定的了解。

操作方法：
现磨 18g 咖啡豆，将磨好的咖啡粉装入咖啡粉碗，抹平、压紧，再将咖啡粉碗扣入意式咖啡机冲煮头，然后按压咖啡萃取键即可获得一杯意式浓缩咖啡。

操作难度：★★★★★
参考价格：2000~30000 元

11. 美式滴滤咖啡机

美式滴滤咖啡机是一种操作简单的新型自动滴滤咖啡萃取机器。

操作方法：
一键按压后，美式滴滤咖啡机就会自动将热水贯穿咖啡粉，快速萃取出一杯美式热咖啡。

操作难度：★★
参考价格：200~1000 元

12. 全自动咖啡机

全自动咖啡机是一种操作简单，提前设置了参数，并一键自动萃取咖啡的新型咖啡制作机器。

操作方法：
找到所需咖啡品类对应的按键，一键全自动操作。全自动咖啡机也可以自定义咖啡制作参数，实现个性化的制作。

操作难度：★★
参考价格：1000~20000 元

面对琳琅满目的咖啡器具，我们往往会觉得无从下手。但是，如果把咖啡想的简单一点，就像孩子们探索玩具世界一样，把咖啡器具当作成年人探索生活方式的玩具，此时，无论是一套手冲咖啡器具，还是一个简单的便携手压咖啡机，我们都能从中找到咖啡世界的乐趣，也能找到一个快乐的自己。

　　当咖啡的香气氤氲在空中，你会感受到它充填了你的每一次呼吸，内心里的安宁逐渐蔓延开来……于是，咖啡和你一起融化，你会在心绪不宁的夜晚眉头舒展，你会在喧闹的日常里沉淀自我。

　　这就是咖啡和这些可爱的咖啡器具带给我们的意义。

一 挂耳咖啡冲泡的 6 个步骤

20 世纪 90 年代，我已开始探索咖啡，那时中国还没有挂耳咖啡，但我外出时偶尔会想快速冲一杯咖啡，便有了近似于挂耳咖啡的"发明"：我有一位亲戚在茶厂工作，我会找她买一些空茶叶包，用老式手摇机磨豆，把磨好的咖啡粉装入包中，再用订书机封口。茶包太小，就一次冲泡两包。2006 年去日本，第一次看到挂耳咖啡，我一下就明白那是什么，要怎样冲泡了。2010 年以后，在国内已能买到挂耳咖啡，从此，无论是旅行还是出差，挂耳咖啡俨然成了我随身携带的必备品。

现在，从网上购买挂耳咖啡很容易。如果有信得过的卖家，咖啡豆的品质和咖啡粉的新鲜度都能保证的话，只要冲泡方法得当，我们一样可以品味到手冲精品咖啡的口感。

但是，从网上购买的挂耳咖啡，如果在制作包装和储存运输的环节出现处理不当的情况，就会损耗大部分香味。例如，制成后放置超过一个月的挂耳咖啡，咖啡粉往往会自然氧化，其口感将大受影响。

怎样避免自己冲泡出来的挂耳咖啡要么偏酸，要么过于苦涩？以下是挂耳咖啡冲泡的 6 个步骤，做好这 6 步，就能得到一杯口感平衡又好喝的挂耳咖啡。

准备 90~94℃的"天然水"，撕开挂耳咖啡包。

挂好挂耳包，轻摇杯子，让咖啡粉平整。

缓慢注入 20~30g 热水，闷蒸 20~30 秒。

缓慢注入 120~150g 热水。

取出挂耳包，摇匀咖啡液，静置 1 分钟左右。

往咖啡液中倒入牛奶或其他饮品，做成特调。

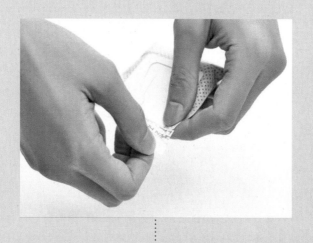

1

准备好 90~94℃的"天然水"，撕开挂耳咖啡包。

"天然水"是指过滤后的自来水，或瓶装天然水。
不能用纯净水，纯净水不含钙镁离子，无法带出咖啡风味，还会造成萃取不足。也不能用富含矿物质的硬质矿泉水，矿物质浓度过高会导致杂味太重。

90~92℃的水，一般烧开后静置 2~3 分钟即可获得，适合中至深烘焙咖啡。
92~94℃的水，一般烧开后静置 1~2 分钟即可获得，适合浅至中烘焙咖啡。
千万不能用刚烧好的开水冲泡咖啡，温度过高会导致过萃，风味苦涩。

2

选择合适的杯子，挂好挂耳包，轻摇杯子，让咖啡粉平整。

喜欢柔和口感的可以选择高一点儿的杯子，加水后挂耳包不会浸泡在水中。

喜欢浓郁口感的可以选择矮一点儿的杯子，加水后挂耳包会有一部分浸泡在水里，但要留意，浸泡时间一定要很短，时间稍长就会出现杂味。

3

缓慢注入 20~30g 热水（刚好可以将咖啡粉浸湿），闷蒸 20~30 秒。

闷蒸的目的是浸湿咖啡粉并排出二氧化碳。

4

缓慢注入 120~150g 热水。

留意将粉水比控制在 1∶18 到 1∶15 之间。比如，10g 咖啡粉，喜欢浓郁口感的，水量可以少一点儿，两次注水的总量在 150g 左右即可；喜欢柔和口感的，水量可以多一点儿，两次注水总量在 180g 左右。

也可以采用三段式注水方法：第一段，以缓慢画圈的方式注入 20g 水，闷蒸 30 秒，闷蒸一是为了排出咖啡粉中的二氧化碳，二是为了后段的咖啡萃取更加充分。第二段，控制流速，慢速均匀画圈注入。等水和咖啡粉表面齐平后，以同样的方式慢速画圈注入第三段水。

要注意，注水速度不能快，水也不能太满，注水太快太满，一是会导致萃取不足，二是未经萃取的水会直接从挂耳包上方渗透出来，导致咖啡风味寡淡。

5

取出挂耳包，摇匀咖啡液，静置一分钟左右。

静置一分钟是为了让咖啡液的温度降至40~60℃。这个温度范围内，味蕾对甜味的敏感度很高，咖啡液中的各种风味也最容易被品尝出来。

6

你也可以向咖啡液中倒入牛奶或其他饮品，做成咖啡特调。

用来做咖啡特调的咖啡液，通常需要更浓、更醇厚。可以将水温适当调高2℃，减少水量，降低冲泡时水的流速等，以获得一杯较浓的挂耳咖啡液。

Tips　冲泡挂耳咖啡容易出现的 4 个错误：
(1) 杯子太小，挂耳包完全浸泡在热水中，导致严重过萃；
(2) 用饮水机直接接开水，水温过高，水量过大，导致严重过萃；
(3) 没有撕开挂耳包，把挂耳包直接泡在水里，导致萃取不充分；
(4) 将挂耳咖啡包里的咖啡粉当成速溶咖啡粉冲泡。

第 2 章　咖啡的世界原来很简单

一　咖啡中有哪些成分？
咖啡因对身体有害吗

　　一位比我年长的友人经常来 Lifisee 咖啡吧喝茶。是的，我没有说错，他会带着他的茶具和茶叶来我的咖啡吧喝茶。每次来，他也会点一杯咖啡，但只是浅尝一口。十年了，我还是无法消除他对咖啡因的误解。

　　他始终认为咖啡里的咖啡因才是咖啡因，茶叶里的咖啡因是中药意义上的咖啡因。但研究表明，咖啡豆和茶叶所含的咖啡因没有区别。可是，我的这位朋友半夜 12 点喝茶不会影响睡眠，但下午浅尝一口咖啡，第二天就会惊呼"昨天下午喝了一口咖啡，一晚上都没睡着"。当然，没过多久，他仍然会再来浅尝一口咖啡。他说他喜欢咖啡的醇香，他说喝茶的地方没有喝咖啡的地方时尚，他说他喜欢 Lifisee 陈列的那些黑胶唱片里的旧时光……

世界每个角落都有人喝咖啡或是喝茶，人类用上千年的时间验证：咖啡和茶叶所含的咖啡因对人类是安全的。很多百岁老人谈到长寿秘诀时，也会提到多年来习惯喝咖啡或喝茶。从科学的角度，咖啡到底是有利还是有弊？我们来了解一下咖啡豆的成分，或许会有所收获。

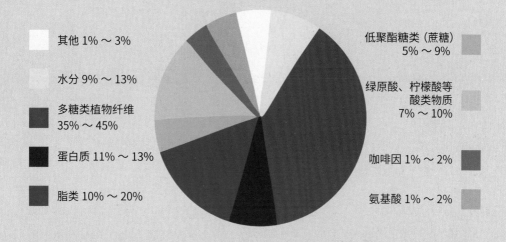

咖啡豆的成分

其他 1% ～ 3%

水分 9% ～ 13%

多糖类植物纤维 35% ～ 45%

蛋白质 11% ～ 13%

脂类 10% ～ 20%

低聚酯糖类（蔗糖） 5% ～ 9%

绿原酸、柠檬酸等 酸类物质 7% ～ 10%

咖啡因 1% ～ 2%

氨基酸 1% ～ 2%

可见，咖啡豆作为一种植物的种子，它所蕴含的主要物质是维系植物生命延续所需的养分。所有的种子都是生命的载体，所以，本质上，一杯咖啡接近于一杯豆浆，它的首要功能是提供养分。但因为咖啡含有咖啡因，它早期的首要功能是提神，这一点让它直到今天也备受争议。随着科学的发展，咖啡因对身体的帮助也越来越多地被揭示了出来。与此同时，咖啡因对人体的负面影响，也可以适当地通过科学的途径来化解。

比如，对咖啡因产生了轻度依赖，可以坚持适量饮用（一天不超过 4 杯），从而规避过度饮用带来的不利影响。咖啡含有草酸，茶叶也一样。草酸和钙质结合，会抑制人体对钙的吸收，但研究表明，咖啡的草酸含量不高，喝点牛奶就能大大降低其危害。咖啡因会影响睡眠，但咖啡因的代谢周期是 4~6 小时，也就是说，睡前 4~6 小时不喝咖啡就可以避免咖啡因对睡眠的不利影响。

咖啡是让人愉悦的饮品。除了咖啡本身的醇香让人愉悦，制作咖啡和喝咖啡的仪式感也让人愉悦。咖啡能调节身体里多巴胺、肾上腺素、腺苷等物质的含量，提高供氧水平，使人感到愉悦。近年来的研究发现，咖啡对大脑功能的积极影响还能降低阿尔茨海默病和痴呆的患病风险。

　　此外，咖啡对减肥的辅助作用也越来越受到关注。咖啡因能促进脂肪分解，加快新陈代谢，尤其是运动前喝一杯咖啡，能有效提升燃脂效率。此外，咖啡还能促进小肠蠕动，从而具有一定的通便功能。

　　咖啡豆是植物储存养分和延续生命的种子，它也是一种有利健康的食物。当然，就像任何食物，适量食用才会有利于健康，咖啡也一样。

第3章

只要你愿意，
手冲咖啡随时在等你

喜欢一杯咖啡，喜欢的是一杯咖啡里的氤氲时光。

一 不仅仅是器具: 手冲咖啡的风味从器具选择开始

　　当清晨的第一缕阳光从窗外照进来，或金属或玻璃材质的咖啡器具上就铺展开梦幻般的光影。此时的你，在这些光影和器具的呼唤下，用咖啡开启全新的一天，于是时光与你，就有了最好的模样……

　　手冲咖啡的操作其实没有你想得那么难。让我们用最简单的方式学会它，这样你才能快速拥有用一杯手冲咖啡让生活变得不平凡的能力。

什么是手冲咖啡？最简单的理解就是自己动手冲泡咖啡粉，获得一杯咖啡液。所以，但凡用于简单操作工具冲泡出来的一杯咖啡液，都可以称为手冲咖啡。这样理解，我们就不会认为手冲咖啡是一个高难度、高技术含量的操作了。

手冲咖啡并不是新诞生的一种高级冲泡方式。人类发现咖啡后，最早就是使用磨粉煮沸的方式获得咖啡液的。通过这种方式获得的咖啡液，口感浓烈、苦涩，且不易控制。但那时候的人们青睐浓烈、苦涩的咖啡。

当然，自从有了各种现代冲泡工具和过滤工具，咖啡就变得越来越简单，也越来越有趣。

我们先来认识一下在国内常见的一套咖啡器具。

1——玻璃罐　　2——磨豆机　　3——手冲壶　　4——电子秤
5——滤纸　　　6——滤杯　　　7——接水壶　　8——品尝杯

世界的尽头是一杯好咖啡

1. 玻璃罐

通常，若我们想看到色泽迷人的咖啡豆，就用玻璃罐盛放。现在带单向透气孔的金属罐也很常见。其实，用什么罐不重要，你自己喜欢更重要。

2. 磨豆机

常见的磨豆机有手摇磨豆机和电动磨豆机。很多人热衷于高级磨豆机，但实际上，价格高不等于效果好。你可以把磨豆机理解成粉碎机，想用厨房粉碎机替代咖啡专用的磨豆机也没有什么不可以。因为，没有发明现代磨豆机以前，研磨咖啡的工具是石磨，看似简单的工具，一样能胜任磨豆工作。

3. 手冲壶

这种手冲壶是专门用来冲泡咖啡的，在这种手冲壶发明前，控制注水速度和水流大小确实有难度。所以，使用过这种手冲壶后，我就不愿意用普通水壶了。因此，我把它列为手冲咖啡的必备器具。当然，在你实在找不到专用手冲壶时，一把普通壶一样可以作为手冲咖啡器具。更先进的手冲壶还带有温控加热底座，不过没有温控加热底座也没关系，用一支温度计来控制水温也很好。

4. 电子秤

电子秤是用来称量咖啡豆和水的工具，可以用来精确地控制咖啡粉和水的重量，这会大大降低手冲咖啡的难度，所以我也把它列为手冲咖啡的必备器具。

5. 滤纸

滤纸是过滤咖啡渣必不可少的工具。所以手冲咖啡也被称为"滤纸滴漏式萃取咖啡"。

6. 滤杯

滤杯是装有滤纸并用于分离咖啡液和咖啡渣的容器。不同的滤杯有着不同的形状和纹路，我大多尝试过。不同的滤杯确实会让手冲咖啡的风味略有不同，但这些差异微不足道。我们不必纠结于这一点点区别。我更赞同你喜欢哪种滤杯就用哪种，因为喜欢比不同更重要。

7. 接水壶

只要你愿意，一个普通的杯子也可以作为接水壶。但我仍然建议用一个形状好看的玻璃壶或玻璃杯。当光线透过它，照亮琥珀色的咖啡液时，的确是能带给你妙不可言的视觉享受。

8. 品尝杯

品尝杯也有各种各样的材质和形状。因为咖啡在某种温度下会呈现更好的口感，所以，有厚度、可保温的品尝杯更好。我个人喜欢日式锤纹壶和锤纹杯，它们是半透明的，从外面能看到琥珀色的咖啡液，还能折射出好看的光泽。

当我们说手冲咖啡的风味时，"风"是"风格"的"风"，它具有情绪感知指向。这也是为什么我会强调选择手冲咖啡器具要以你是否喜欢为首要的依据。专业咖啡师或许会根据他的个人喜好向你推荐手冲咖啡器具，但那是他喜欢的风格，是否合乎你的审美和喜好，要亲自尝试才知道。

我认识一位对咖啡很有研究的"咖友"，他从最初的"技术派"，逐渐变得不再那么关注技术，而更在意咖啡风味里的个人喜好与风格。比如他喜欢日式侘寂风，如果咖啡杯不是粗陶质地，那么再浓的咖啡，他都会觉得寡淡。

我也认识一些很讲究喝咖啡的仪式感与氛围感的"咖友"，他们中有一些人逐渐放弃了仪式感，而越来越陶醉于感知咖啡香味与口感的细微差异。

喝咖啡的氛围没有对错，咖啡的风味没有对错，咖啡器具也没有对错，人对咖啡的感知更不会有对错。所以，抛开对错，专注于对一杯咖啡的专注，感知对一杯咖啡的感知，在专注与感知里找到我们的那份喜爱，才是咖啡带给我们最大的快乐。

太阳每天都会升起，
就像时间每天都会从你的岁月里消失。
每一个日出都不一样，
每一个日落也都会不一样，
就像每一杯咖啡，当然，也不一样。

——临风君

一 不仅仅是萃取：手冲咖啡的仪式感与完美萃取

1997 年，当我第一次尝试讲解咖啡是什么时，没有人感兴趣。但当我第一次把音乐和咖啡结合在一起讲解咖啡是什么时，就呼啦一下围过来很多人。当我把音乐、咖啡和场景结合在一起，开办一场音乐咖啡沙龙时，很多人一下就理解了：咖啡是生活氛围感和仪式感的一部分。

咖啡本身并不深奥，深奥的是咖啡营造的氛围感或仪式感，是它叠加在我们的生活上的美。

咖啡的仪式感是什么？我们先看两个生活片段。

生活片段 1

她急匆匆地起床，做好早餐，抬头看到她的咖啡杯，想起上班前冲一杯咖啡还来得及。她坐下来，吃完早餐，喝完咖啡，下楼赶地铁去上班。

生活片段 2

她急匆匆地起床，做好早餐，抬头看到她喜爱的咖啡杯在清晨的微光里泛出温暖的光泽，她不由得放缓冲咖啡的动作。虽然冲咖啡多用了一分钟，喝咖啡也多用了一分钟，但这两分钟不会让她迟到。可是，这一杯咖啡因为这两分钟而有了清晨阳光的味道。下楼赶地铁去上班，她看到高楼的缝隙里，也有阳光在闪耀。

看完这两段文字，我们就能理解咖啡和生活的关系。当我们说喜欢咖啡时，我们喜欢的不仅是咖啡本身，还有在咖啡里沉淀的时光和有温度的自己。

我一直很疑惑，为何很多人热衷于探讨咖啡的冲泡技术，可是很少有人留意咖啡背后的生活艺术。后者才是咖啡被发现一千多年来，人们津津乐道的话题。

所以，虽然这一章讲的是咖啡冲泡萃取技术，但是我仍然用这一页文字来表达：咖啡技术是为生活艺术服务的。希望大家不要太过执着于技术，把咖啡技术和生活方式结合在一起，才是咖啡的全部。

最近这几年，随着手冲咖啡在国内逐渐普及，很多人不免会产生疑问：手冲咖啡的标准步骤是什么？如何才能做到完美萃取？

如果真的存在手冲咖啡的"标准步骤"或"完美萃取"的方法，我一定会在 12 岁那年对冲泡咖啡望而却步。

所有的标准都是商业化包装后的产物，因为商业需要简化操作，需要容易复制，包括咖啡师培训行业。哪里有商业需求，哪里才有标准化的复制。

咖啡的真正魅力在于变化，不在于标准。如果你想开商业化的连锁咖啡店，很有必要遵循标准。但如果你只想开一两家有个性的精品咖啡屋，请探索个性，抛开标准。如果你想成为一位有个人风格的精品咖啡师，也请抛开标准，探索自己制作咖啡的方式和钟爱的风味。尤其是，如果你只想做一个咖啡爱好者，在旅行途中或在家里冲泡萃取自己喜爱的咖啡，那么，跟随我，尝试营造独属于你自己的手冲咖啡仪式感，找到独属于你自己的完美萃取方式。

上一节我们了解了手冲咖啡的器具，当你准备好了你喜欢的一套或简单或复杂的器具后，我们看看怎样探索有仪式感的萃取方式。

关于手冲咖啡的仪式感，十几年前我的认知也不清晰。我只觉得我喜欢手冲咖啡，可以带着咖啡旅行就够了。但 2012 年去京都，我结识了几位咖啡师，他们工作中那种仪式感带给我的震撼，影响了我对咖啡风味的感知，我渐渐明白，仪式感也是咖啡风味的一部分。

所以，在开始手冲咖啡的操作练习前，我们可以充分享受此刻的喜欢和专注，不要太在意冲泡动作是不是标准，萃取方式是不是完美，咖啡风味是否被充分激发……这些不重要，因为，只要你喜欢，你就能练出你的标准动作、你的完美萃取、你的独特风味……我们最初应该把重心放在：

"我喜欢。"
"我享受此刻的喜欢和专注。"
"我享受手冲咖啡的过程带给我的喜欢和专注。"

8 年前，我在澳大利亚农场雇了一位挖掘机司机。3 个月时间，他不仅教会了我挖掘机的操作，还教会了我怎样根据地形，把一个给牛喝水的池塘挖成尽可能好看的形状。我是他的雇主，但他操作挖掘机时，不允许我在他旁边。他说，我在旁边会和他说话，这会影响他思考。那是我第一次知道，挖掘机操作也需要思考和专注。

他还要求我为他喝咖啡的时间支付工钱，起初我不能接受。但看了他手冲咖啡的过程，我相信他就是我要的那个追求完美的挖掘机司机。他有一套手冲咖啡器具，是他妈妈送给他的。用旧了的简单的磨豆机、过滤杯、冲水壶，丝毫不影响他对一杯咖啡的讲究。对于冲泡的结果，若是满意，他会对自己竖个大拇指，像品一杯酒一样坐在农场小屋的阳台上对着远山品一杯咖啡；若是不满意，他会快速倒进牛奶，默默把果酱面包蘸进这杯澳白，然后说一句"yummy"（好吃）。

好的咖啡豆不一定会带来一杯好咖啡；
好的手冲咖啡器具不一定会带来一杯好咖啡；
好的手冲咖啡操作技术不一定会带来一杯好咖啡。

但是，有了人的喜欢与专注，结合好的咖啡豆、好的手冲咖啡器具、好的手冲咖啡操作技术，就一定能带来一杯好咖啡。

有了以上这些认知，现在，我们可以开始操作手冲咖啡了。

第 1 步，准备器具和咖啡豆。

准备好手冲咖啡"全家福"：咖啡豆、磨豆机、滤纸、滤杯、接水壶、带温控功能的手冲壶（或简易手冲壶和温度计）、电子秤。

第 2 步，称量并研磨咖啡豆。

称量并研磨 15g 咖啡豆，确保咖啡粉颗粒有砂糖大小（中等研磨度）。

第 3 步，放置并润湿滤纸。

给水壶加热时，将滤纸放入滤杯中，如果滤纸偏大，不够贴合滤杯，可以平行于滤纸侧缝压合线折叠少许，再展开滤纸。放置好滤纸后，用少量热水将滤纸润湿。这是为了使滤纸和滤杯之间没有空隙，清洗滤纸，提升滤杯温度。

第4步，放置咖啡粉。

　　将滤杯放置在接水壶上方，将咖啡粉倒入滤杯中，再将它们全部放置在电子秤上，然后给电子秤清零。

第 5 步，闷蒸与萃取。

将温度适宜（88~93℃，我个人喜欢 92℃）的热水缓缓注入咖啡粉中心，把壶嘴轻轻向外旋转两圈，注入 30g 热水，浸湿全部咖啡粉，闷蒸 30 秒。这些数字不需要绝对精确，这一步的目的是浸湿咖啡粉，让咖啡粉排出二氧化碳。在气体的推挤作用下，咖啡粉会有所膨胀，并形成一个个均匀的鼓包（如果咖啡豆不新鲜，则不会形成漂亮的鼓包）。

闷蒸结束，就可以继续缓缓注水。缓缓注水的意思是，用 2 分钟左右的时间，缓慢、匀速地注入细流，注水时先由内而外再由外而内画圈，水面高度低于滤杯边沿 2~3cm。15g 咖啡粉需要的总注水量是 240g（两次注水后，电子秤显示的总重量为 240g）。

影响一杯手冲咖啡风味的要素有 6 个：① 咖啡豆的烘焙度；② 咖啡豆的研磨度；③ 水温；④ 投粉量；⑤ 萃取时间；⑥ 萃取量。手冲咖啡好与不好，没有绝对的标准，关键在于喝咖啡的人对这 6 个要素有怎样的喜好，从而实现其想要的独特风味。

通常来说，以上 6 个要素满足以下条件，手冲咖啡的风味就不会差：① 选择中浅烘焙的咖啡豆；② 选择中等研磨度（白砂糖大小）的咖啡粉；③ 水温为 88~93℃；④ 投粉量为 15~18g；⑤ 总萃取时间为 2~2.5 分钟；萃取量（粉水比）为 1∶18~1∶15。

注水时，有几个细节要留意：① 倒热水时，应倒在咖啡粉的中间区域，不让水流冲刷咖啡粉外沿，避免清水直接流进咖啡杯，造成咖啡风味寡淡；② 水流尽量匀速、舒缓、纤细，以保证咖啡萃取充分；③ 先从内向外再从外向内循环画漩涡状圆圈，以保证所有咖啡粉都被均匀萃取。使用以上技巧，冲出的咖啡风味不会差。

看完这一节，是不是发现手冲一杯咖啡一点儿也不难？而要萃取一杯"好"咖啡，只要在你学会手冲的操作方法以后，慢慢练习即可，你会发现：手冲咖啡好与不好，取决于 6 个要素的平衡，这个平衡点是动态变化的，也决定了你手冲咖啡的风格。

Tips | 手冲咖啡注水是一次性注入还是分几次注入？

我经常看到国内的咖啡爱好者争论这样一个问题：手冲咖啡注水是一次性注入还是分几次注入？甚至很多自认为属于手冲咖啡正宗流派的民间高手还会为注水方式命名，比如一刀流或三段式。这十几年来，我走遍七十多个国家，走访过无数咖啡馆和咖啡师，得出结论：除了商业咖啡需要标准化，世界各国咖啡师和咖啡爱好者对手冲咖啡注水方式的理解各有千秋。

这个争议点之所以会出现，是因为不同的注水方式会使咖啡呈现出不同的风味和口感。我的答案是，注水的过程是专注享受手冲咖啡的仪式感的过程。所以我大多数时候会一次性完成注水，哪怕有电话打进来，也不会改变我的注水节奏。我会结合我对流速和液面的观察，微调水流大小和注水速度（当液面过高，接近滤杯上沿时，水流减小，注水速度放慢；当液面过低，咖啡粉快露出来时，加大水流，并加快注水速度）。这样，手冲过程舒缓流畅，冲好的咖啡风味饱满均衡。

咖啡风味中的"风"，是"风格"的"风"，既然需要构建风格，就按照你所喜欢的方式探索，不要理会别人建立的标准。

至此，你已经获得了一杯你自己想要的手冲咖啡。留意我说的关键词"你自己想要的"。我想表达的是，同样的器具，同样的咖啡豆，不同的人会冲泡出不同的风味。没关系，这就是手冲咖啡的魅力。就像做年糕，同样是糯米，外婆做的年糕和奶奶做的年糕，味道就是不一样。但我们不会说外婆做的年糕更正宗或奶奶做的年糕更正宗，相反，正是因为外婆和奶奶做年糕存在细微差异，我们对食物的记忆才更有爱的温度。手冲咖啡同样是如此。

远方并不是脚到达过的地方，
而是可以去喝一杯咖啡的地方。

——临风君

一 不仅仅是选择：
手冲咖啡的咖啡豆选择与
风味呈现

作为国内较早"入坑"的咖啡爱好者，20 年前我能找到的烘焙咖啡豆的设备，就是家家户户都有的普通铁锅。高级一点的方法是在高压锅里放河沙，像炒瓜子、花生一样焙炒咖啡豆。所以，直到 2009 年拥有第一台燃气咖啡烘焙机前，我对咖啡豆并不挑剔。而在我有了咖啡烘焙机并熟悉烘焙机操作后，我打开了咖啡豆世界的大门：原来咖啡豆远不只是过去认为的那种味道。

30 年前，在国内想买咖啡豆，只能去北京、上海、广州仅有的几个华侨商店碰运气，老百货商店的外汇专柜也只能买到咖啡粉。咖啡几乎成了专供外国人或华侨的商品，普通人要买，还要先想办法换到外汇券或侨汇券。那时国内有两家咖啡厂，一是上海咖啡厂，二是海南兴隆咖啡厂。这两家咖啡厂也只生产罐装咖啡粉或是混合了砂糖、压成方块的速溶咖啡。

手冲咖啡在国内外的兴起是在 2000 年以后，在这之前，咖啡很难从"风味"维度进行品鉴和描述。因为此前，绝大多数咖啡产品都更注重实现浓郁的"咖啡味"，而不是使顾客品尝到咖啡豆的"原味"。2000 年以后，世界各国的咖啡种植技术与生豆处理技术纷纷走向精品化，咖啡烘焙技术也日益精细化。这为后来的精品手冲咖啡与咖啡风味品鉴打下了基础。

　　咖啡本质上是一种果核（种子），它原本就应该带有清香酸甜的花果风味。传统商业咖啡追求更多的"咖啡味"，不得不使用深烘焙技术和高温高压萃取方式。深烘焙后的咖啡豆很容易被萃取出"咖啡味"，深烘焙也很容易掩盖生豆的瑕疵，所以深烘焙的咖啡豆不需要精挑细选。高温高压萃取方式还能将咖啡豆中的物质尽可能多地萃取出来。因此，传统商业咖啡口感十分浓厚，饮用的人无法品鉴出咖啡豆清香酸甜的本味。

手冲咖啡的精细化、慢萃取方式，则更容易展现出咖啡豆原有的清香酸甜的风味。咖啡豆作为一种果核，就像杏仁是杏子的果核一样。杏仁是否好吃，取决于杏仁的种类、杏仁的焙炒方式，还有个人对杏仁口味的喜好。因此，一杯手冲咖啡是否好喝，起决定作用的有 3 个因素：一是挑选到优质咖啡豆；二是为咖啡豆找到合适的烘焙方式；三是咖啡冲泡萃取技术。此外，咖啡是否好喝，是个人的主观感受，和个人喜好与当下的情绪状态都有关联。

但所有决定咖啡是否"好喝"的因素中，唯有咖啡豆本身是否"好"及这种"好"是否符合自己的喜好，才是根本。因此，要学会手冲咖啡、学会咖啡品鉴，首先要学会选择咖啡豆。

在第 2 章的"3 大咖啡产区和 9 种常见的咖啡豆"一节里，我们已经了解了咖啡豆的产地、风味与适合的烘焙度等基本知识。这一章我们进一步了解如何选择咖啡豆。

我们的选择实际上是找到我们对咖啡豆（或者说咖啡风味）的喜好。不过，无论是咖啡店的手冲咖啡豆，还是自己买回家的手冲咖啡豆，往往都是熟咖啡豆。也就是说，"烘焙度"是销售者早已帮我们做好的选择。

在 30 多年咖啡烘焙、制作、品鉴的过程中，我总结出了一个很管用的"6步咖啡豆简易品鉴法"，能帮助你快速找到自己喜欢的咖啡豆。

第 1 步，看豆。

无论是生豆还是熟豆，首先都要看有没有混入破损、发霉、生虫的瑕疵豆。瑕疵豆无法完全避免，瑕疵豆的多少是判断咖啡豆是否优质的第一标准。然后，色泽是否一致、个头是否匀称也是咖啡豆本身是否优质及是否有利于后续处理的判断标准。

第 2 步，闻豆。

生豆含有 300 多种芳香物质，所以闻起来会有天然的青草般的花果香味，还有让人愉悦的咖啡豆本身的果酸味和发酵时产生的复合酸味。如果咖啡豆存放过久或存放不当，会有陈腐霉变后的难闻味道。

烘焙过程中，咖啡会产生更多芳香物质。研究表明，熟咖啡豆中的芳香物质超过 800 种。优质咖啡豆经过烘焙后，会散发出大量的花香味、果香味，包括各种成熟水果的酸质芳香味，还有一些类似于焦糖香、巧克力香、酒香等让人愉悦的味道。如果烘焙度较浅，还会保留一些青草的味道。如果烘焙过度，就只剩下焦香味和烟熏味。如果闻上去夹杂了一些难闻的味道，就表明咖啡豆本身品质不好或是存在陈腐、霉变、生虫的瑕疵豆。

第 3 步，闻咖啡粉。

我特别喜欢闻咖啡粉的味道。每天早晨我制作咖啡的动力，很大一部分来自磨豆机散发出的咖啡粉的芳香。咖啡粉的芳香可以缓解压力，疗愈焦虑。每次举办咖啡沙龙，我都会在磨豆后，把咖啡粉装在粉杯里，递给参加咖啡沙龙的朋友们。这个过程往往会拖得很长，因为谁都想多闻一闻咖啡粉刚研磨出来时，可以穿透灵魂的迷人香味。当然，如果咖啡豆品质不好，存在较明显瑕疵，你也一定可以闻出来。

第 4 步，闻手冲咖啡过程中散发出来的味道和咖啡液的味道。

到这一步时，咖啡的香味会减弱，因为挥发性的芳香物质被水锁住了。但有瑕疵的咖啡豆会在这个环节里释放出不好闻的味道，包括烟熏味、木头味、泥土味、橡胶味等。优质咖啡豆不会有明显的此类味道。

第 5 步，品尝手冲咖啡的风味。

"风味"的"味"是"味道"的"味"，"味觉"的"味"。我们很容易品尝到咖啡的苦、酸、甜，如果味觉敏锐，也能品尝到咖啡中的少量咸味和鲜味。咖啡中的涩是触觉，不属于味觉。咖啡中的香属于嗅觉，也不是味觉。我们来看一看，好咖啡应该有什么样的苦味、酸味、甜味？

刚开始喝咖啡时，最难以接受的就是苦味，这是因为大自然中的有毒物质大多是苦的（但苦的东西并不一定都有毒），经过演化，人类往往能敏锐地察觉苦味。苦味感受器大量分布在舌根，甜味感受器大量分布在舌尖，酸味感受器大量分布在舌侧。因此，品尝咖啡有 4 个小技巧：①轻抿一口在舌尖，感受咖啡中的甜味物质；②轻抬舌尖，让咖啡液滑向舌面两侧，用舌侧感受咖啡中的酸味物质；③让咖啡液快速滑过舌根，避免苦味过多被感受到；④停顿一秒，感受咖啡是否有回甘。经过这 4 个步骤，我们再来判断咖啡的味道是否足够好。

好咖啡的甜是可以被舌尖捕捉到的，是类似焦糖的淡淡的甜或柑橘一般的酸中带甜；好咖啡的酸能让人感觉明快、愉悦，而不会像劣质醋一样尖锐或寡淡；好咖啡的苦是人们能接受的，而不会过于强烈；很好的咖啡入口即有回甘，也有人会觉得入口的回甘是一种顺滑的感觉。

第 6 步，感受回味与余韵。

好咖啡一定是回味无穷的。所谓回味无穷是指喝了还想喝，不是因为咖啡因的作用而想喝，而是咖啡本身的味道足够给人无穷回味。好咖啡是余韵悠长的。余韵悠长的意思是，喝完半小时、一小时后，好味道似乎一直在口腔里，没有消散。因为好咖啡豆会在生长过程中储存足够多的生物能量和风味物质，这种由大自然的优质养分孕育出的好味道，才会让一杯好咖啡余韵悠长。

咖啡豆不只是一颗豆子，它也是承载着生命力的一颗种子。它不仅经历了漫长的生长时光，烘焙它的人和制作它的人也给予了它更多的醇厚与芬芳……选择一种香醇的咖啡豆，选择一次有温度的研磨，选择一个有仪式感的冲泡萃取方式，你就能得到一杯咖啡里的独一无二的味道。

一 不仅仅是创意：手冲咖啡的创意与出其不意

　　2020 年 4 月，由于新冠病毒感染疫情，我们没有迎来人间最美四月天。当时我回国后，经历了长达 28 天的隔离。在隔离酒店里，我能明显感受到大家的焦虑和迷茫。短暂的慌乱过后，我开始筹划怎样度过这难熬的 28 天。

　　我的老朋友，深圳公益人史依丽女士和她先生周炜给我送来了一本书《活出生命的意义》。史依丽和周炜都是咖啡爱好者，我们相约一起"空中"读书，一起视频里品咖啡。

　　有一天，我在喝咖啡，史依丽和周炜在家喝酒，史依丽忽然提出即兴诗歌接龙，然后我们每人两句，一起创作了一首六行短诗。那是一个雨夜，广州郊区隔离酒店的窗外是一条小溪，史依丽和周炜在深圳市区的家里，所以我为这首诗取了一个名字《当溪水和雨滴的声音越过城市》。

时光如酒，酝酿纯粹，
那些美好的瞬间从未离开。

繁花荼蘼，芒果未熟，
穿白衬衣的少年正在归途。

风起云涌，雨还会再下，
咖啡煮酒，人生没有天涯。

咖啡煮酒原本只是那个雨夜的一场即兴活动，但隔离结束后，我真的组织了几场咖啡煮酒艺术沙龙。咖啡怎么煮酒？冰可煮、火可烹，还有人把干冰包裹在咖啡冰淇淋球里投掷到一杯红酒中……

如今咖啡文化迅速升温，围绕着咖啡与酒的各种创意饮品被创造出来，以咖啡为连接器的生活艺术探索在中国大地延展：咖啡煮酒诗歌沙龙、咖啡煮酒涂鸦绘画、咖啡煮酒即兴舞蹈、咖啡煮酒摄影沙龙等，各种新想法出其不意……咖啡煮酒也演变成了 Lifisee 黑胶唱片咖啡吧的艺术跨界咖啡沙龙的代称。

我们可以慢下来，静下心思考，回归生活本身……当我们开始审视我们一路奔波的价值与意义时，当我们开始审视我们所处的时代时，我们终究会意识到：咖啡不再是饮品本身，咖啡能够触动人的思想与创意，连接彼此的生活。

咖啡文化曾经定义了巴黎生活方式。风起云涌的咖啡文化曾让巴黎这座城市成为了"欧洲的咖啡馆"，吸引了诸多国家的艺术家。于是，巴黎的咖啡馆孕育了能够点亮那个时代的生活方式与文化创意，咖啡文化也成了巴黎与法国一张独特的文化名片。

咖啡和咖啡馆在欧洲发展历史上曾接纳与助推了文化艺术创作，今天这一切也会在中国这片土地上展演吗？至少我会永远记得隔离酒店的那场即兴诗会。文字可以饱含创意，艺术能汇聚情感，咖啡也一样！

一 怎样品鉴咖啡？怎样描述咖啡风味

    2015 年我在墨尔本东南吉普斯兰（Gippsland）的农场旅居，每周都会去市中心的同一家日式咖啡馆。这个街区居住着许多日裔移民，老板克尼（Kerney）来自神户，和我同龄，他的家族在神户开了 70 年咖啡馆。有一天克尼问我是否了解中国宋代的点茶。我一下明白了为什么我会对克尼的咖啡馆有如此独特的好感。克尼无论是制作意式咖啡还是手冲咖啡，都能保持一种缓慢而稳定的节奏，以至于当他把咖啡端给我时，无论我多么赶时间，我都会不由自主地慢下来，去真正品尝一杯咖啡原本的风味。

    "茶道的仪式感是对生命养分的尊重，咖啡也一样。"克尼向我演示怎样用茶道的仪式感来品鉴咖啡。茶叶通过光合作用制造养分，咖啡树通过植物内部通道将养分输送到一颗种子里储存。所以，茶和咖啡，都是生命的载体，养分给予了它们独特的神韵。茶道的仪式，是对这种神韵的尊重，而人类本身是天地神韵的化身。所以，品咖啡和品茶一样，有了仪式感，才能品出咖啡的神韵。就像茶道的重点不只是茶叶本身，还有仪式感带给人的被尊重与愉悦的感觉，西方人喝咖啡也是"以人的愉悦为核心"，而不是以咖啡本身为重。

即便在东京这样快节奏的城市，也有不少喜爱茶道的日本人愿意遵循喝茶时的仪式。手冲咖啡在日本发展得如此之快，或许也与它和茶道相似的气质不无关系吧。

大部分中国人，多多少少也对品茶略知一二。怎样品鉴咖啡？
——怎么品中国茶就怎么品咖啡。

咖啡和茶，都有苦涩，也都有回甘，但咖啡和茶不一样的是，茶是树叶，咖啡豆是种子。树叶经光合作用生成养分并输送给果实，这些养分就让咖啡豆比茶叶多了一些养分自带的芳香，以及因养分积聚而形成的甜与酸。因此，品鉴咖啡，可以借鉴品茶的仪式，但品鉴咖啡更需要把注意力集中在咖啡独有的香感、甜感和酸感上来。

香感感受器在鼻腔，甜感感受器集中在舌尖，酸感感受器集中在舌两侧，苦感感受器集中在舌后方。香感是鼻腔捕捉到的咖啡豆中的挥发性芳香物质，它贯穿了选豆、磨豆、冲煮、品尝的所有环节，所以香感并不需要刻意练习就能感知到。为了更好地感知到咖啡独有的美妙甜感和令人愉悦的酸感，我们喝咖啡时，可以采取以下 4 步。

4 步咖啡品鉴法

第 1 步，感知咖啡中的甜。

慢速啜吸一小口咖啡液，让它先停留在舌尖，用舌尖的甜感感受器分辨咖啡液中的甜味物质。在苦味中分辨甜味并不容易做到，多练习几次，会逐渐找到那个让人着迷的甜感瞬间。

第 2 步，感知咖啡中的酸。

舌尖和舌面向上轻抬，让咖啡液滑动到舌两侧，用舌侧酸味感受器分辨咖啡的酸。酸感比较容易被味蕾捕捉到，但和甜感不一样的是，酸感是否能给我们带来愉悦，和我们对酸的记忆与耐受度有关。

比如，有的人很喜欢柑橘的酸，但有的人就接受不了。有的人能喝一整碗山西陈醋，但有的人沾一滴都受不了。苹果醋接受度就会好很多，因为苹果醋的糖分含量高。酸感耐受度不高的人，注意力更多集中在舌尖的甜感上，可以弱化酸感。当然，咖啡的酸本身也会因咖啡品种不同而呈现出多种特性。同一种咖啡，有的人喜欢，有的人不喜欢，很多情况下和酸感特性有关。

第 3 步，感知咖啡中的苦。

舌后方集中了苦感感受器，所以，咖啡液经过舌面向后移动的这一步速度要快，让咖啡液"咕嘟"一下滑下去，可以大大弱化苦味的冲击。

苦是咖啡的本色，苦不代表"不好"。有的人会迷恋苦味，但有的人坚决排斥，不少人是越长大越能接受苦味。我清楚地记得我小时候很不喜欢苦瓜，但现在却对苦瓜情有独钟。苦是咖啡醇厚口感的一部分，人的阅历越丰富，就越能理解苦、接受苦、喜欢苦。就像经历了诸多酸甜苦辣的人生才会圆满一样，人生本就是一个酸甜苦辣五味杂陈的过程。

第 4 步，静止感知余韵与回甘。

不移动任何部位，静止等待几秒。越好的咖啡，越会在苦后产生美妙的回甘。

确切地说，回甘是一种味错觉。就像我们只有经历了跌宕起伏的人生和酸甜苦辣的生活，才更容易感受到生活中的幸福与甜美一样。这就是"历尽千帆，苦尽甘来"；这就是"品人生百味，品咖啡风味"。

经过这完整的 4 步（我叫它"4 步咖啡品鉴法"），此时的咖啡和你之间，就形成了一种仪式感，这种仪式感不是来自咖啡本身，是来自你和咖啡之间的对话，是来自你手握一杯咖啡时你对自己的认知，是来自你和咖啡之间默契的问答。

4 步咖啡风味描述法

经过"4 步咖啡品鉴法"的练习，再来谈咖啡风味描述，就会简单很多。我也把它简要总结为 4 步。

第 1 步，调动五感。

眼睛看、耳朵听、鼻子嗅、舌头尝、身体触，这是每天伴随我们的五感，只是它们太平常了，我们往往会忽视它们的存在。但描述咖啡风味，正是对这 5 种感觉进行整合与输出的过程，所以第一步是有意识地调动五感，才能在获得感知体验后，将其变成语言描述输出。

第 2 步，对比练习。

建议同时比较两种或三种不同品种的咖啡豆，先学会在对比中寻找差异，再在差异中感受特征。

第 3 步，建立五感描述词库。

如果相关的文字表达储备不多，我们就只能简单地说某种咖啡好喝或不好喝。

咖啡入门很容易，咖啡风味描述是基于个人生活经验的主观表达，所以不用在意描述是否准确，没有标准答案。这也是很多咖啡爱好者喜欢评价甚至推翻他人描述的原因。但就像智者止语，越是高深的咖啡爱好者越是懂得咖啡超越了咖啡本身，所以反而不会轻易评论他人的表达。

下面以味觉和触觉感知为例展示一些可用的表达。

味觉感知词库：

① 酸感，果酸、干净的酸、明亮的酸、刺激辛辣的酸等；

② 甜感，枫糖、焦糖、甘蔗、巧克力、蜂蜜等；

③ 口感，浓郁、醇厚、焦苦、清淡等。

触觉感知词库：涩重、丝滑、细腻、柔顺、黏稠、粗糙等。

第 4 步，风味描述输出。

风味描述输出是在建立五感描述词库的基础上，把咖啡制作、品尝过程中的所见、所听、所闻、所感、所触依次表达出来。但表达方式的个体差异会很大。

风味 = 风格感受 + 味觉感受 + 综合主观感受，而不只是对香气和味道的描述，综合感受更是因人而异。不过人类感知也有共通特征，不同的人风味描述的方向一致，但差异巨大，也是正常的。就像对生命、对生活的感受，一千个人就会有一千个不同的模样……就像有的人喝咖啡，好喝就够了，不需要更多感知、更多描述。但总有人会在一杯咖啡里感知到超越一杯咖啡的东西，感知到人生百味。

你当然可以把家
变成咖啡馆

喜欢一杯咖啡，喜欢的是一杯咖啡里的温柔念想。

一 把家变成咖啡馆：
不只是你一个人的想法

有人说：房子再小也是我的家，有了咖啡的香味，再小的房子也会有品位。

有人说：咖啡是一个家的灵魂，如果没有咖啡，再大的房子，也会淡然无味。

在咖啡吧工作，在咖啡吧生活

潘卡林是一位 33 岁的建筑设计师，也是一个设计工作室的合伙人。他经常需要加班，可是他在公司加班找不到灵感。于是，他把客厅里的茶几换成了一张长长的餐台，一半用来摆放咖啡设备，一半用来工作。厨房和书柜也用来存放咖啡机、咖啡豆和各种制作咖啡的器具。茶几则移到阳台，铺上漂亮桌布，摆上咖啡、下午茶，一个映照着城市夕阳的"客厅咖啡吧"就改造完成了。

这个客厅咖啡吧，既是他的梦中之家，也是他的工作之所。在客厅咖啡吧里做设计，他的效率更高；在客厅咖啡吧里召集客户开会，他的设计更能赢得客户的认同……他在客厅咖啡吧举办咖啡沙龙和品酒会，他在客厅咖啡吧举办家庭音乐派对……有了咖啡的连接，他的工作方式和生活方式融为一体；有了咖啡的连接，他的客厅变成了一个社交之所；有了咖啡的连接，他开放式的客厅空间，也成为他设计工作室的客户来源。

　　潘卡林说，这座城市里有很多不安，也有很多不平凡。生活是如此矛盾，所以生活才需要如此用心。把咖啡引入客厅和阳台，把咖啡融入工作和生活……同样是在匆忙的城市，同样是在匆忙地工作，同样是在匆忙地生活，但是有了咖啡来调和，忽然间就觉得，我在这个城市有了一个属于自己的角落，属于自己的灵魂，属于自己的生活。

有咖啡的阳台，才是内心安定的家

艾伦从小就和父母一起住在宜昌，就连读大学和"上岸"公务员，都没有离开过宜昌，也没有离开过父母的家。他能感受到这座城市带给他的舒适与安逸，但他的内心并不安定。他向往外面的世界，但又不想放弃眼前的一切。他向父母争取了一个独属于他的阳台，放上他喜欢的咖啡橱柜和简单设备，就像在这个阳台里安放了一个独属于他自己的"内心的自己"。

他有一群一起喝啤酒、一起看足球的朋友。他把啤酒、足球和朋友看作他的过去。但他不安于过去，他拥有的这个私密的只属于他自己、咖啡和书的小空间，是这个小城里仍然可以看见世界，看见梦想，愿意走出小城的"那个内心安定的自己"。

把家变成咖啡馆

2022 年 11 月，由于新冠病毒感染疫情的影响，无法实现"咖啡自由"的妈妈李洁实在忍无可忍，于是网购了一些设备，尝试自己在家制作咖啡。同样喜欢咖啡的大学刚毕业的女儿也加入了，但女儿的想法更大胆："妈妈，我们何不开一家家庭咖啡馆？"

添置设备，采购原材料，学习咖啡制作技术，完善一个咖啡馆的视觉设计……一周后，家庭咖啡馆开业了。营业 40 天，收入 4652 元。妈妈说："不管怎样，终于在家就实现了'咖啡自由'。"女儿说："不行，还要扩大影响，增加营业额，才能维持一家家庭咖啡馆的正常运转。"

我以为疫情过后，这家咖啡馆会停止营业，但截至本书写作完成时，她们已经开拓了向全国范围内的客户销售浓缩咖啡液和新鲜烘焙咖啡豆等业务。她们还告诉我，附近居民会预约她家的咖啡吧，作为咖啡聚会的场地。也会有客人带几位客户一起来她家，要她为客户举办咖啡沙龙。

把家变成公司，把公司变成咖啡馆

2010 年，我去戛纳拜访了法国时尚设计师协会主席格拉斯曼先生，他的设计公司坐落于戛纳和尼斯之间的一个小镇。走进这家藏在乡村别墅里的设计公司，我忽然发现一楼是咖啡馆。我有点惊讶。格拉斯曼先生告诉我："戛纳和尼斯会聚了很多有趣的人，我做设计，需要接触这些有趣的人。我把家改造成公司，把会议室和咖啡馆结合，这样，不需要召唤，咖啡馆就可以把这些有趣的人聚在一起。"

咖啡馆从诞生的那一天起，就是人们放松内心、聚会聊天的地方。外部世界纷繁复杂，在家里，当然可以融入咖啡，让家庭时光多一分悠闲，让家的记忆多一缕醇香。而互联网的通达，允许工作场所和家有所重叠——这是公司？这是家？还是咖啡馆？……已经不需要回答。

把家变成咖啡馆，有的人是为了实现"咖啡自由"，有的人是为了让咖啡的醇香溢满一个温馨的家，有的人是为了尝试经营一个自己喜欢又投入不大的家庭咖啡吧，还有的人怀抱着更宏大的事业梦想……这就是这个时代，在世界的各个角落，人们围绕咖啡所做的各种尝试：生活方式的延展、工作方式的改变、工作之所与家之所在的一体化探索……

我们是在把家变成咖啡馆吗？是，好像又不是。看上去是把家变成咖啡馆，实际上是"我们的人生需要一杯咖啡所萦绕的温暖……"

一 把家变成咖啡馆：
设备清单与咖啡技艺

从 2012 年到 2022 年，是我搬家最频繁的 10 年。从南半球到北半球，从城市到乡村，从荒无人烟的农场到繁华喧闹的市中心……每一次搬家，我都只会带走两类物品：黑胶唱片和制作咖啡的器具。黑胶唱片是伴随我一路走来的过去，咖啡是伴随我一路前行的当下。无论在哪里住下，每当黑胶唱片的乐声在咖啡氤氲的香气里响起，我便觉得，过去的记忆会和当下的自己一起，帮我找到未来的根基。

怎样把家变成咖啡馆？

我要购买哪些咖啡设备？

我要学习哪些咖啡技艺？

设计改造的时候要注意哪些问题？

不，以上都不重要。就像早期巴黎咖啡馆的兴起，不是因为人们需要咖啡，而是人们需要对话。对外营业的咖啡馆营造了一个开放式的空间，提供了对话的氛围。而把家变成咖啡馆，核心要义是"自己为自己创造一个自己和自己对话的空间"。

"一个自己和自己对话的空间"便是我们把家改造成咖啡馆的核心要义与我们拟定设备清单的基本前提。自己和自己对话，意味着不关乎他人，只要你自己喜欢就好。有时，我们会过于看重别人的想法，比如买一件衣服首先考虑别人会怎么看，但咖啡和其他人没有关系。哪怕你把家改造成咖啡馆是为了接待朋友，首要考虑的也一定是你自己喜欢。

　　所以，在聊设备清单和改造创意前，明确你喜欢什么至关重要。举一个例子，有朋友说某种咖啡设备特别好用，可是你买回来后并不喜欢，此时的咖啡与咖啡设备就失去了它存在于你家中的意义。

　　再举一个我身边的例子。多年前，一位上我钢琴课的学生在结婚生子后就做了家庭主妇。虽然婆家经济条件好，不用她上班挣钱，但她在家无所事事，逐渐抑郁，濒临崩溃：哪怕再有钱，无所事事的日子也只是一眼望不到头的荒芜。她喜欢养花，也喜欢花艺，我建议她用自己的钱打造一个属于自己的小小的能喝咖啡的花艺阳台。咖啡设备？有挂耳咖啡就够了，因为她需要的不是咖啡本身，而是手握一杯咖啡时，她还能拥有她自己。很久以后她告诉我，是咖啡和她的花艺阳台拯救了她。在那个小小的属于自己的花艺阳台养花、看书、喝咖啡，她活过来了，也逐渐活明白了。后来她考了教师资格证，拥有了一个自己的早教中心。

　　现在我可以说如何拟定设备清单了。

1. 确定你对咖啡本身的喜爱程度

比如我的那位学生，她要的是一个有花的"自己和自己对话"的空间，所以，几只漂亮的杯子和几包挂耳咖啡，就是她全部的咖啡设备。又如我，是有一定专业度的咖啡爱好者，热爱寻豆和烘焙，我使用的主要设备是一台燃气式咖啡烘焙机。

2. 确定自己的喜好

根据自己的喜好，组合喜欢的设备。比如，我的那位学生喜欢花，她想要的是在有花的阳台喝咖啡，她的窗帘、桌布和喝咖啡的杯子，色调都和阳台的花相呼应。又如我，喜欢咖啡本身，也喜欢能折射光影的银色金属和玻璃器具。我就基于有专业度的咖啡制作需求，置办各种银色金属和玻璃器具。这样，每当我手握自己喜欢的器具时，我都是在从容地和自己的内心对话。

3. 咖啡设备清单建议

咖啡初级爱好者

手冲咖啡套装、咖啡豆、挂耳咖啡、各种好看的咖啡杯、各种有趣的小件器具、用以学习咖啡技艺的书籍等。

咖啡进阶爱好者

摩卡壶、冰滴壶、冷萃壶、家用意式咖啡机、家用磨豆机、专业咖啡杯（是的，有很多你意想不到的好看又有趣的专业咖啡杯）、分享咖啡文化的书籍等。

咖啡达人与专业级的爱好者

虹吸壶、机械手压咖啡机、专业意式咖啡机、专业磨豆机、家用咖啡烘焙机、户外便携式专业咖啡设备、咖啡文化与摄影艺术相关书籍等。

此外，我还有 3 个建议。

- 从最简单的手冲器具开始，逐步接触更多你感兴趣的咖啡冲泡萃取工具。不建议根据价格高低来判断器具好或不好，不妨以是否喜欢作为选择标准。

- 如果你像我一样四海为家，总是辗转搬迁，建议保留几样随时可带走的必备器具。这样，即使你游走四海，也能有一些有温度、有记忆的器具总是和你相伴。

- 如果你长居一处，建议最初购买咖啡设备时，就考虑好怎样使你所喜欢的家居风格和咖啡设备的风格尽量协调一致。

把家变成咖啡馆，当然需要一些咖啡技艺。但不用把咖啡技艺想象得多么高深，始终记得：咖啡只是自己与自己对话的背景。只要开始行动，从入门、了解，到学会、精通，是水到渠成的事。即使是培训专业的咖啡师，往往也只需要他们在咖啡吧里实习3个月时间。

作为咖啡爱好者，你需要了解的咖啡技艺和你的设备相关。比如在初级阶段，你首先可以学会冲泡挂耳咖啡，并通过挂耳咖啡慢慢学会品鉴咖啡的风味；然后通过手冲咖啡，了解咖啡豆的知识，积累冲泡萃取的相关经验。在进阶阶段，你就可以自己尝试了解各种咖啡制作器具的使用技巧。最终几乎所有的咖啡爱好者都会购买一台意式咖啡机，并尝试拉花。确实，拉花是一门艺术，但只要你开始尝试，3个月时间足够你成为一位合格的咖啡拉花师。

人生如旷野，
多一些远行，
时光就会多一些温柔。
咖啡如醇酒，
多一些洒脱，
岁月就会多一些通透。

—— 临风君

一 当咖啡遇见拉花：
咖啡拉花不只是炫酷，也是
生活艺术

　　"咖啡拉花并不能提升咖啡风味，但咖啡拉花将一种日常生活中的普通饮品提升到了生活艺术的水准……" 2010 年，在法国时尚设计师协会主席格拉斯曼先生的咖啡馆里，我们聊到一个关于咖啡的话题。我当时已经开始筹备 Lifisee 黑胶唱片主题咖啡吧，而那时咖啡拉花在国内咖啡店还没有像现在这样普及。

　　在牛奶咖啡里拉花，是精品咖啡时代的产物。虽然早在几十年前就已经有人用白色奶泡、褐色糖浆在浓缩咖啡里制作图案，但早期的咖啡拉花只是少数咖啡师不满足于快销商业咖啡的个性化创意。随着咖啡吧社交时代的到来，咖啡拉花成为咖啡师的必备技能，咖啡拉花艺术逐渐得以普及。现在，只要你拥有一台家用咖啡机，在家学会拉花一点也不难。

咖啡拉花是用拉花缸作画笔，用白色奶泡在浓缩咖啡上作画。我们将咖啡拉花分解为 3 个步骤：制作浓缩咖啡液，制作奶泡，制作拉花。

第 1 步，制作浓缩咖啡液。

制作拉花，一般采用的是中深烘焙咖啡豆制作的意式浓缩咖啡液。浅烘焙咖啡豆制作的意式浓缩咖啡液，也能拉花，但浅烘焙咖啡豆颜色偏淡，拉花图案会不太明显。尤其是采用浅烘焙、粗研磨、快速萃取方式制作的浓缩咖啡液，因为浓度不高，颜色偏淡，也少有浓缩咖啡液中必不可少的"油脂"，所以用它来做拉花基底液不容易成功。清薄的手冲咖啡液制作拉花难度更大，只合适使用较粗的奶泡，依靠粗奶泡的浮力制作最简单的拉花造型。

第 2 步，制作奶泡。

家用法压壶、电动奶泡器等简易工具制作的奶泡，去除表层的粗奶泡后，也可以用来制作拉花，但这种奶泡仍然较粗，会导致拉花不容易成形，制作难度大。用家用意式咖啡机或商用意式咖啡机的蒸汽喷嘴制作奶泡，效率更高，制作拉花的成功率也更高。我们来看怎样用蒸汽喷嘴制作拉花奶泡。

（1）准备工作。

打开蒸汽开关，排出管道冷凝水后关闭蒸汽开关，随后将蒸汽杆拉高，倾斜角度为 30°左右。准备好半拉花缸的全脂牛奶。

（2）找准进气位置。

将蒸汽喷嘴置于拉花缸中心点，再向左或向右找到时钟 9 点位置或 3 点位置（中心点与缸壁的中间），将蒸汽喷嘴没入牛奶 1cm 左右。然后打开蒸汽开关，牛奶开始在拉花缸中旋转。随后将拉花缸下移，直到蒸汽喷嘴在液面喷出气泡（进气）。

（3）细化奶泡。

进气完成后（奶面上升 1.5~2cm），将拉花缸上移，喷嘴没入液面以下 1cm，继续让奶泡在拉花缸中旋转，细化奶泡。同时用手感知拉花缸温度，较烫时（55~65℃）移开拉花缸。此时，我们就得到了半缸表面泛着光泽且绵密丝滑的奶泡。

第 3 步，制作拉花。

（1）融合奶泡和咖啡液。

杯子倾斜 45°，从距离咖啡液液面中间点 7~8cm 处倒入奶泡，随后用拉花缸顺时针或逆时针画椭圆形，"搅拌"咖啡液，融合奶泡和咖啡液直至五分满。

（2）拉花。

以千层爱心图案拉花为例，基本的操作步骤如下。

①压低拉花缸，让缸嘴贴近咖啡液面，距液面 0.5~1cm。

②向下页图中的 A 点位置注入奶泡。

③持续向 A 点位置注入奶泡，并左右摆动缸嘴。

④当出现所需心形图案的雏形后，将缸嘴向中间点移动并持续摆动。

⑤咖啡液九分满时向上抬高缸嘴。

⑥最后向 B 点位置移动和拉高缸嘴，进行收尾，得到一个漂亮的千层爱心图案。

第 4 章　你当然可以把家变成咖啡馆

千层爱心图案拉花

天鹅图案拉花

郁金香图案拉花

压纹郁金香图案拉花

165

一 当咖啡遇见甜品：
手中的诗意与盘子里的远方

2010 年前后，手冲咖啡刚开始在大众人群普及，很多咖啡师希望咖啡爱好者能真正品尝出一杯纯正手冲咖啡的风味，不太建议喝咖啡的时候配甜品。但咖啡除了是饮品，也是生活方式与生活的快乐的一部分，所以在"咖啡 +"趋势的带动下，咖啡配甜品逐渐为人们所推崇。

咖啡让人着迷，是因为咖啡让人愉悦；甜品让人着迷，也是因为品尝甜品能刺激大脑释放多巴胺……除非身体不适应，比如对咖啡因不耐受或对糖不耐受，否则真的很难抵御咖啡搭配美妙甜品的诱惑。我自己超过半个世纪的人生里，有 40 年都离不开咖啡配甜品。当然，食用咖啡和甜品有先后，我的个人习惯是咖啡在前，甜品在后。如果甜品在前，会反衬出咖啡的苦，影响对咖啡风味的感受。

咖啡的世界在 2000 年后发生了巨大变化，尤其是咖啡精品化种植带来的浅烘焙手冲咖啡的普及，让咖啡原本就具有的果香得以被越来越多的人接受。随后传统意式咖啡也引入精品咖啡豆并融入拉花艺术，这些创新促使原本作为日常饮品的咖啡逐渐进入生活美学与生活艺术的范畴，这反过来带动了咖啡师审美能力的升级。今天，不懂甜品，不懂甜品搭配，不懂甜品美学，反而会成为咖啡师的瑕疵。

咖啡与甜品相遇，
是普通日常闪耀出的小小光芒。
一杯香醇融入一碟远方，
拨开生活的沉闷，
在琐碎的阴霾里看见阳光。

——临风君

咖啡要怎样搭配甜品？

就像中国传统美食会讲究色香味俱全一样，咖啡和甜品的搭配也一定要"色香味俱全"，充分呈现其背后的美食文化与生活美学。咖啡和甜品搭配，首要考虑的是香味与风味口感的契合，其次是色彩搭配与摆盘的美观。我们将咖啡分为 3 类，分别介绍咖啡和甜品该如何搭配。

1. 清香的手冲咖啡怎样搭配甜品

手冲咖啡的花果清香与简单的小甜品或清淡的甜品搭配较好，比如我自己就特别喜欢在品尝一杯手冲咖啡后，再来一片红糖饼干或是一小块水果慕斯。这样搭配，不会破坏手冲咖啡的余韵，还能通过不同食品风味、口感的衔接实现有层次的愉悦感。

2. 醇厚的浓缩咖啡怎样搭配甜品

浓缩咖啡的特性是风味浓烈、口感厚重，因此浓缩咖啡适合搭配口感较为厚重的甜点，比如巧克力慕斯、焦糖提拉米苏等。这样搭配能将咖啡的浓烈和甜点的醇厚交织在一起，风味丰富，令人意犹未尽。

3. 醇香浓郁的咖啡怎样搭配甜品

咖啡店里的花式咖啡，比如拿铁、摩卡、卡布奇诺等，不仅有浓郁的咖啡香味，还融合了牛奶、巧克力酱，甚至青柚等食物的醇香。此类醇香浓郁的咖啡合适与酸甜口味的甜点搭配，比如芒果慕斯、戚风水果蛋糕等。这样的组合既有风味上的呼应，也有口感上的层次变化。

一 当朋友来敲门：
怎样组织一场咖啡沙龙

1997 年，我 27 岁，第一次举办咖啡音乐沙龙。那个年代，"沙龙"这个词还比较新鲜，我自告奋勇举办的那场介绍咖啡文化的活动叫"咖啡音乐下午茶"，现在回想起来，实际上它就是一场咖啡沙龙。

沙龙是法语单词 salon 的音译，本义是客厅、会客室。文艺复兴后期，欧洲文人和艺术家经常被邀请参加在贵族客厅举办的聚会，谈论文学、艺术。久而久之，这类文化艺术聚会就被称为"沙龙"。

是沙龙文化与咖啡馆的兴起推动了欧洲文艺复兴，还是欧洲文艺复兴促进了沙龙文化与咖啡馆的兴盛？至今还有很多人在讨论这个话题。无论咖啡在人类文明发展中起过怎样的作用，有一点确信无疑：咖啡具有一定的社交属性。一是咖啡作为饮品很有吸引力；二是咖啡的提神作用有助于人们深入交谈；三是咖啡冲煮与咖啡品鉴自带仪式感，十分适合在聚会上进行。所以，无论是在咖啡馆举办咖啡沙龙还是在家中的会客厅举办咖啡沙龙，必然都有益社交，有利于提升参与者的生活艺术品位。咖啡沙龙的兴起，意味着生活方式时代正在到来。

怎样举办一场咖啡沙龙？

咖啡沙龙有两种，一种是咖啡生活方式沙龙，另一种是咖啡品鉴沙龙。咖啡品鉴沙龙需要专业咖啡品鉴师或专业咖啡师的参与，侧重于咖啡知识学习与咖啡风味品鉴，其他话题是次要的。咖啡生活方式沙龙，普通咖啡爱好者就可以举办，因为咖啡生活方式沙龙的核心在于与生活方式有关的话题。

两种咖啡沙龙的参与者既可以是咖啡爱好者，也可以不是咖啡爱好者。就像欧洲文艺复兴时期的咖啡沙龙，咖啡只是生活方式的载体，与生活方式紧密相连的文化艺术才是咖啡沙龙的核心。换句话说，咖啡沙龙是借喝咖啡时轻松愉悦的氛围，会聚对文化艺术或其他话题感兴趣的群体开办的社交聚会，通过彼此交流，大家对生活艺术的感知和认识会更上一层楼。当然，你想搭载商业，在咖啡沙龙的轻松氛围下也较容易实现。就像欧洲历史上咖啡沙龙兴起时，人们聊的除了文化艺术话题，也有政治话题与经济话题。

　　举办一场咖啡沙龙，可以按以下步骤筹备和推进：①主题策划；②现场布置；③执行；④沙龙复盘与改进提升。我以一场手冲咖啡品鉴沙龙为例，分解咖啡沙龙筹备和推进的步骤。

1. 明确目的，确定咖啡沙龙主题

举办这个沙龙，是为了和朋友一起学习咖啡知识、增进感情，和客户一起了解咖啡文化、提升认同，打造有关咖啡文化的个人 IP，还是纯粹喜欢咖啡，想做咖啡文化公益推广？明确目的是我们筹备一场活动的出发点。

这里所说的主题是一个吸引参与者的沙龙主题。比如，以咖啡沙龙的名义举办的同学聚会的主题可以是"在一杯咖啡里回首青春的记忆"；春季新品上市，召集客户鉴赏的咖啡沙龙主题可以是"邂逅手冲咖啡，遇见春天里的自己"；新年，举办一场咖啡沙龙邀朋友小聚，而主人家的客厅恰好可以看见下午的阳光和傍晚的夕阳，此时的主题可以更文艺一点——"用一杯咖啡里的冬日阳光，温暖这一年的念念不忘"……

2. 现场布置与器具准备

现场布置可用的装饰物包括有设计感的 POP（原指店头销售工具，形式多样，可以是海报、贴纸等）、桌面姓名牌、花艺、旧物（怀旧主题）、高品质创意气球（生日或新年）……

咖啡器具越来越美、越来越有设计感，玻璃、金属、陶瓷等各种闪着光泽的器具不仅仅是器具，还是现场布置的一部分。不一定要为每一位来宾都准备一套手冲咖啡器具，但每一位来宾都需要一个精致的咖啡杯。

3. 手冲咖啡品鉴沙龙的现场执行

现场执行环节要考虑的因素包括迎宾安排、沙龙主持人与主持词、沙龙主讲人与讲解 PPT、现场演练或沙盘推演、主分享嘉宾提前沟通分享方向、沙龙尾声的总结、特殊情况下的替代方案等。

4. 嘉宾回访、复盘与改进

无论举办沙龙是为了和朋友小聚，还是带有商业属性，一场沙龙的举办都非易事，来宾的体验好不好？本次沙龙的筹备和执行有哪些优点和疏漏？若下次再举办类似活动，还有哪些环节需要改进？对于沙龙举办者来说，哪怕是轻松愉悦的咖啡生活方式沙龙，仍然需要关注筹办效率与参与者体验的优化。

静心感受一杯咖啡的醇香，
认真搭配一套好看的服装，
时光同样在流淌，
但是，匆忙奔波的你就有了光芒。
——临风君

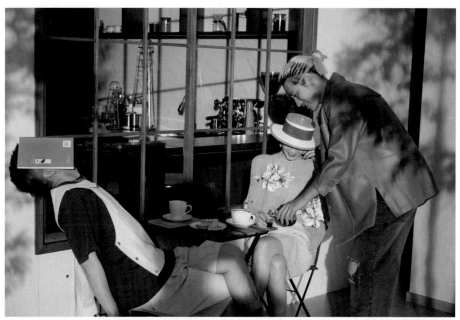

第5章

人生百味，
尽在咖啡风味

喜欢一杯咖啡，喜欢的是一杯咖啡里的阳光和远方。

一 只想做一杯好咖啡：
咖啡师是一个什么"物种"

在日本京都，总能遇到 70 岁以上的咖啡师，他们会一脸肃穆地冲泡咖啡，总是那么不疾不徐，仿佛在进行某种庄严的仪式，尤其是毕恭毕敬递来咖啡的一刹那，仿若咖啡的香气中氤氲着千年时光。

京都咖啡师让人起敬的地方不止于此。他们不经意扫过你的坐姿，就能判断咖啡杯摆放在哪个位置，你拿起来更顺手。当你注意到这种细节，你会忽然明白"职人""匠心"等词所蕴含的厚重意义。

　　在上海新天地，有很多年轻时髦的咖啡师，他们拉花时很专注。我有时会打趣道："你有近视吗？"每位被问到的咖啡师，在抬起头时都一脸疑惑，然后意识到我指的是他们的脸离拉花缸太近了，几乎不到 5 厘米……不管脸红或不红，说话或不说话，他们都无一例外地有这么一个动作：若无其事地甩一下头发。接着，我会夸赞拉花好看——年轻的咖啡师们无一例外地再甩一下头发。

　　洛杉矶是第三波咖啡浪潮的发源地之一，那里的咖啡师普遍很"拽"，不爱理人，或是一副"你不懂咖啡，为什么要来这里喝咖啡"的表情。尤其是不少男咖啡师喜欢留长发，女咖啡师却理了板寸或光头，似乎在宣告"我很拽，你不要靠近我"。但很多人说，就是喜欢这座城市的咖啡师们那"谜之拽酷"的模样。

阿根廷的乌斯怀亚——被很多人称为"世界尽头"的城市，一年四季或大雪纷飞或狂风暴雨，这里的一杯热咖啡一定要配上咖啡师热气腾腾的笑容，不然会让人难以下咽，那里的咖啡师是我见过最温和的一群人。

新西兰皇后镇瓦卡蒂普湖边有一家咖啡馆，名叫"Vudu Café & Larder"（以下简称 Vudu）。每次去新西兰，我都会因为想去 Vudu 而特地绕去皇后镇。吸引我的，除了 Vudu 的咖啡和瓦卡蒂普湖的夕阳，还有 Vudu 咖啡师不成文的"规则"：无论有多少人在等候，一旦夕阳西下，咖啡师就会换好回家的衣服，微笑着站在你的桌边，使你不得不起身离开。

　　几乎在所有人的眼里，咖啡师都是一个独特的"物种"，在这种感知的背后，咖啡师的"独特"来自哪里？

　　全世界咖啡师的薪酬普遍都不高，但是为什么全世界的咖啡师都充满魅力且身怀绝技，又对这份职业不离不弃？

　　"充满魅力""身怀绝技""不离不弃"这3个词，在咖啡师身上是不可分割的。不离不弃地练习才能身怀绝技，因身怀绝技而自信才能充满魅力。

　　当我们欣赏咖啡师的魅力时，当我们疑惑咖啡师的独特时，我们已经感知到了咖啡的魅力。咖啡师的魅力是咖啡魅力的一部分，就像喜欢咖啡的人也会成为咖啡魅力的一部分一样。

喜欢咖啡的人，都喜欢安安静静地坐在咖啡馆的某个靠窗的角落里，都喜欢安安静静地喝咖啡，都喜欢安安静静地看喝咖啡的人，也都喜欢安安静静地看咖啡师气定神闲地制作咖啡。

这时的咖啡馆里就会有一种气场，这时咖啡馆里的人也都会有一种气质。那是在咖啡馆里坐下来气定神闲地喝咖啡的人和气定神闲地制作咖啡的咖啡师共同营造的气质。喝咖啡的人来来往往，但咖啡师往往一直都在那里，尤其是咖啡师同时还是咖啡馆老板时，更是如此。

所以，当我们说某家咖啡馆有一种气场，实际上我们说的是，这家咖啡馆围绕一个独特的咖啡师所形成的，由"咖啡馆里的人和咖啡店里的咖啡"共同营造的，独属于咖啡世界的气质与气场。

一 只想喝一杯好咖啡：
咖啡本没有故事，喝的人多了，就有了故事

yiyi
洛杉矶 / 艺术策展人

我从小就喜欢咖啡。在加州生活了7年，我没有漂泊于异国他乡的孤寂感，因为这里是星巴克、蓝瓶咖啡（Blue Bottle Coffee）、"皮爷"（Peet's Coffee）的发源地……觉得累了，我就找一家咖啡馆坐下来。无论外面的世界多么嘈杂，端起一杯咖啡，世界就能安静下来；端起一杯咖啡，人在他乡也是故乡。

钟钟
深圳 / 润金店珠宝文化主理人

我喜欢在咖啡吧里选一个角落安安静静地坐下来，最好是有一束光，或是旁边有一盏灯，这样，我就可以安安静静地看书、拍照。我是珠宝文化推广人，穿上小黑裙，戴上喜欢的珠宝，再端上一杯咖啡，自己做模特，自拍或是找摄影师拍下那一刻的自己。一定要有咖啡，有了咖啡，珠宝才会有灵魂。

林雁
深圳 / 林雁形象艺术中心创始人

我每天固定要喝 3 杯咖啡。早晨一杯是自己做的拿铁；中午的工作餐是"咖啡 + 甜点"；傍晚的手冲咖啡必不可少，带有一天结束的仪式感。人生不可能一帆风顺，哪怕生活给了我无数的捶打，但有了咖啡，我就不会害怕。当一杯咖啡在手时，你不必回头去看，生活就能被你看见，生命的美好一直在你身边。

Mary
郑州 / 有 4 个娃的旅行爱好者

咖啡有一种神奇的力量，它带给我的仪式感和茶不一样。喝茶是回归过去，但喝咖啡，是一种勇往直前。我已习惯了每天两杯手冲咖啡，我的 4 个孩子也习惯了妈妈喝咖啡的时间属于妈妈自己，他们在咖啡的香气中会格外安静。在我每天的咖啡时刻，小口小口啜饮，慢慢慢慢咽下，让我在琐碎的日常里找到勇往直前的力量，也找到五味杂陈的生活本身。

吴俣
香港 / 小红书博主 / 财务规划师

Perlette
台北 / 演员 / 模特 / 烘焙师

虽然我是咖啡因不耐受体质，但是在快节奏的香港，我仍然每天都需要用一杯咖啡来放慢自己。带上电脑，找一间咖啡馆，坐下来给电脑充电，也用一杯咖啡给自己充电。虽然很多时候，因为对咖啡因不耐受，我只能喝一小杯，但就是那一小杯，就足够使我满血复活。

我喜欢音乐，喜欢烘焙，也喜欢咖啡……虽然我长得像外国人，但我是地地道道的台北人。在台北做演员和模特并不容易，又要照顾小童，还要做烘焙。生活总是辛苦而忙碌，但每天我都会给自己一杯咖啡的时间。坐在咖啡吧里的那一刻，无论这一天有多累，我都能找回我自己；无论明天在何方，我都能在一杯咖啡里找到未来的方向。

cici
深圳 /WE.ME 美学教育创办人

sunny
名古屋 / 形象管理师

我喜欢咖啡，也喜欢咖啡馆。咖啡是每天给我带来心安的"朋友"，有故事的咖啡馆则能给我另一种让我精神不孤单的"陪伴"。有咖啡的地方，时光会慢慢流淌。不需要分辨一杯咖啡到底好喝还是不好喝，只要有咖啡陪伴，那一整天都会心安。心情不好的时候就喝苦咖啡，苦到心里就会豁然开朗；高兴的时候就加糖加奶，还要来一碟甜品，甜到腻也是满满的幸福感。

从留学到后来定居名古屋，每次回国，父亲都会给我准备一大罐雀巢咖啡，所以多年以来，咖啡对我来说，意味着爱和温暖。在异国他乡，除了柴米油盐的日子以外，我还喜欢去咖啡馆，坐在靠窗的位置，看人来人往。这几年回归职场，做形象管理师，奔波的路上，是咖啡帮我在精疲力尽的时候找回从容的力量。无论时光怎样流逝，没有流走的，是咖啡的温暖和陪伴。

第五章　人生百味，尽在咖啡风味

思婷
深圳 / 形象美学导师

Robin
深圳 / 生活艺术家

年轻时我并不喜欢咖啡，因为无法习惯咖啡里的苦。前几年，一位在云南种植咖啡的朋友召集旧友们聚会，我们边冲泡咖啡边讲述各自的梦想和成长，那一刻，我忽然就懂得了：咖啡的美妙就像人生的甘苦与共，苦是甜的前奏。生命之美不是只有甜的美，人生百味才是生命的丰润滋味。

琴棋书画诗酒咖啡花与茶，是生活，也是艺术。尤其是咖啡和茶，是每天陪伴我的生活艺术。我喜欢买各种各样的茶杯，用来喝茶，也用来喝咖啡。茶杯和茶叶是具有东方气韵的生活之物，茶叶绽放的姿态是舒展的，而咖啡用醇厚的风味给人以治愈。当我用东方的茶杯斟满西方的咖啡时，内心会有一种安定与圆满的感觉。

特别讲述：
"开倒两个咖啡店"的故事

叶丹
深圳电台《文化星空》前主持人/
咖啡吧主理人/大学教师

  2013 年，我在深圳开了一家咖啡店。那时候人们对咖啡的评判标准还停留在"苦，加糖加奶，拉花好看"上。除了意式咖啡机，我最喜欢的是"皇家比利时壶"，仪式感满满，还很有观赏性，一边操作一边讲解，好玩又有趣。然而，多数客人怕喝咖啡夜里睡不着觉，也有些客人担心咖啡太苦，所以我卖得最好的是鲜榨橙汁。经常是榨汁机都榨冒烟了，咖啡机才偶尔被启动一次。那段日子，最让我开心的是在咖啡店里举办了很多活动，如"读《红楼梦》学管理""择一座城老去""春节七天电影放不停"，甚至还邀请到了《一个人的莎士比亚》的执行导演和演员——约瑟夫－格雷夫斯先生来参加。现在回想起来感觉很梦幻，这第一家被我"开倒"的咖啡店满足了我各种不切实际的"斜杠"幻想。

2018 年世界杯（国际足联世界杯）期间，在深圳和东莞交界处一个老村的瓦房里，我重操旧业——开了一家小咖啡店。最开始是因为很多朋友想聚在一起看球，店里可以卖卖啤酒、冰棍儿。世界杯结束了，小店继续开着，每周照例举办一些活动，饮品菜单中也加入了手冲咖啡。

　　比起之前，人们对咖啡的接受度已经好很多了，又正值手冲咖啡兴起，咖啡爱好者从原来的设备依赖转向追求好豆子和好手艺。对于这家咖啡店，我们玩笑中带着点儿认真的口号是"做精酿啤酒种类最多的咖啡馆"，从中不难看出我们的姿态：有趣、跨界和不太挣钱。

　　时光飞逝，如果复盘的话，我想说"开倒"两家咖啡店是必然的，因为当初开店没有从商业出发，更像是对朋友们开放自家客厅，展示自己的生活态度。从一门营生的角度看，最后走向"关张"也很正常。但是，我一点也不后悔，生意有盈亏，而生活方式没有。

一 带着咖啡去上班：
工作再平凡，有了咖啡就成了"限量版"

蒜苗和练目生是生活在深圳的一对创业夫妻。蒜苗是时尚博主，她负责变美；练目生是生活博主，他负责做咖啡。蒜苗只需要打扮好自己，然后接过练目生递过来的咖啡，蒜苗继续"凹"造型，练目生开始拍照……一对专注于形象美学的夫妻就这样开始了他们的工作。

一开始，练目生只是会在家做好咖啡，带着咖啡去上班。后来他发现，离开了咖啡，蒜苗似乎也会失去变美的灵感，没有咖啡的照片仿佛缺少灵魂。于是练目生在工作室里摆上了咖啡机和手冲咖啡器具，从此，那些闪着光泽的咖啡，成就了那些闪着光泽的工作场景。

练目生

"之前我是带着做好的咖啡去上班，现在是带着咖啡豆去上班。当我意识到在工作室有一杯咖啡等着我去制作，就像有位老朋友在身边安静陪伴一样，这时，我会觉得工作再单调也会不平凡。

第5章 人生百味，尽在咖啡风味

"咖啡的层次感，就像工作与生活的层次感。最初你的体会不会那么深，但当你更多地了解了咖啡，并爱上了咖啡，生活和工作就自然成为一体，上班就变成了生活方式的延伸，上班也会成为生活层次的一部分。

"生活的仪式感在于过好当下。工作室里的咖啡吧承载着我们对生活的感知，也承载着一个新时代来临时，我们对工作方式与工作模式的探索……"

蒜苗

"前些年我从不碰咖啡，因为觉得苦……出于工作需要，练目生总是递给我一杯咖啡再拍照。后来我发现，没有咖啡，时尚穿搭似乎就失去了灵魂。

"形象美学行业的从业者需要有一双善于发现美的眼睛，也需要保持探索生活美学的热情。当我把咖啡和工作融为一体，我可以借由咖啡的香醇、咖啡的本真、咖啡的多变，打开愉悦工作的大门。

"什么时候来我们办公室喝咖啡？现在这句话成了我们约朋友见面的开场白！也因为一个小小的咖啡吧，我们夫妻成了创业中那个更主动去链接的一方。定期小聚，复盘工作，聊聊如何更好地搞钱……送的礼物也变成了朋友们旅途中淘到的新咖啡。人际关系简单纯粹。"

蒜苗

"创业多年，身边还与我们保持着密切交流的朋友也都是创业者。在商业世界中，我们每天遇到问题、解决问题，紧绷着前行，这时，练目生爱咖啡、爱生活的特质，变成了我们的弹力带，让我们紧绷的弦不会轻易绷断！"

练目生

"我们还会把工作和户外露营结合在一起。特别是夏天，带着制冰机、咖啡机、咖啡豆，在炎炎夏日下，和朋友、和客户一起，先做一杯清爽的杨梅苏打美式咖啡，再讨论工作。于是，朋友成客户，客户成朋友，工作也成了生活的一部分。"

临风君

"我们无法改变一座城市的匆忙……但匆忙的脚步旁，也有放一台咖啡机的地方。虽然时间依然在流淌，但因为咖啡的存在，流淌的时间会变得温柔而有光芒，按部就班的工作也会因这光芒而变得更有力量。"

一 带着咖啡去旅行：
星河璀璨，有了咖啡才能
慢慢欣赏

"为什么你的朋友圈里总是有一杯咖啡？"

"咖啡是我独自奔赴山海的伙伴……"

"总是一个人旅行，不孤单吗？"

"带着咖啡去旅行，旅途就不会孤单……"

兰州女孩 jojo 接受我采访时说的这些话击中了我。

jojo 是时尚新媒体主编，在深圳工作和生活。她自诩为兰州女孩，是因为她出生在兰州，成长在甘肃，念念不忘的是敦煌，骨子里很东方。她 36 岁，独身，独立。她似乎代表了一个群体：身体栖居于都市，精神始终在旅行。她对咖啡的热爱，甚至超越了咖啡这种形式，她不只是咖啡爱好者，更是生活梦想的探寻者。

"10 年前，我独自一人去丽江，从泸沽湖回到古城，随意走进一家咖啡馆，点了一杯卡布奇诺。窗边有歌者旁若无人地抱着吉他弹唱，那一刻我忽然觉知到：不被打扰的世界才是世界本身。从此，我开始享受一个人与咖啡一起旅行。

jojo
深圳 / 时尚媒体主编

"2017 年，我去巴厘岛，一路上总有朋友问：你为什么一个人去蜜月胜地巴厘岛'找虐'？因为我喜欢海啊，去巴厘岛就是为了找一个浪漫的地方，端一杯咖啡，和自己来一场盛大的约会。

"2018 年，我去了斯里兰卡的科伦坡，因为我一直想去看一眼《千与千寻》里梦幻般的海上火车。入住的酒店临海，窗外就是铁轨。白天，每隔半小时，'漂浮'于海上的火车便会轰隆隆经过，在火车和我之间，隔着一杯咖啡，恍如隔世……

"2019 年，我去了巴黎。似乎巴黎所有的咖啡馆无一例外都有露台，我会坐在那里，看那些独坐窗外的客人。我一杯咖啡在手，一支香烟轻嘬，在人来人往的映衬下，这随性又惬意的画面孤单又浪漫……

"新冠病毒感染疫情期间，我也经历过隔离，不过对于我这样享受独处的人，只要有一杯咖啡，我并不需要时刻绑住某个群体才能'喂饱'自己的内心。

"隔离解除后，我迫不及待地回了一趟老家甘肃。在久违的戈壁看日出时，我忽然遭遇了一场肆虐的风沙。坐在敦煌洞窟前的酒店房间里，端起一杯随身携带的挂耳咖啡，看窗外风沙漫天，而内心是对故乡的激情澎湃。

"从大漠敦煌到城市霓虹，从远方的星河璀璨到眼前的万家灯火，有了咖啡就能慢慢去看。"

热爱咖啡的人会知道，在路上，除了咖啡是确定的，其余一切都是未知的。哪怕咖啡是确定的，但旅途上的每一杯咖啡又都是独一无二的。这种有确定的咖啡陪伴的不确定的旅行，就像我们一路走过未知前路的人生，不是按部就班，而是真切感受到活着的意义。一千杯咖啡有一千种风味，所以才会有那么多人痴迷于每一次独自旅行时，借由一杯咖啡开启与自己内心的交谈。

我与咖啡相伴了 40 年，带着咖啡去旅行，是为了在一个奔波的时代里，为自己保留一份从容。无论是带着咖啡制作器具踏上旅途，还是在旅途中去咖啡馆喝上一杯咖啡，不只是因为热爱咖啡，还是出于对特定生活方式的期待。

我与咖啡相伴了 40 年，"带着咖啡去旅行"早已成为我生命的一个标签。包括此次去南极的路上，我把这本书的终版交给出版社，我知道，我交付的不止是一本关于咖啡的书，我交付的，是"带着咖啡去旅行"的人生百味和生活姿态。

一 我们热爱的不只是咖啡，更是一杯咖啡里的自己

　　2023 年的春天，老朋友程成邀请我参加"形象力"年度聚会。程成老师给我开门时披着一条红色围巾，而我恰好穿了一双红色鞋子。形象力工作室多了一个咖啡角，而我恰好给程成老师带了一罐刚烘焙出来的咖啡豆……同频而又热爱生活的人，总会有很多这样的默契。

更让我惊讶的是，第二天，程成老师打电话问我咖啡豆到底是中烘焙的还是深烘焙的。其实我原本是打算中烘焙的，标签上写的也是中烘焙，但实际上最后两分钟我忘记全开风门，导致那一锅咖啡豆烘焙度过深。我惊讶的是这个细微变化都能被程成老师分辨出来。

"感知敏锐的人，才能感知生活细微处的美""于细微处见形象，于无声处知生命"……那次聚会中程成老师说的话打动了很多人。她是"形象力"的创立者，也是生活美学的践行者，她爱茶，也爱咖啡，但她更爱生活在生活中的自己。

无论是聚会时服装的配色，还是品一杯咖啡中的细微风味，看似我们在意的是配色，看似我们在意的是咖啡，而实际上，我们更在意的是配色所表达的心情，更在意的是咖啡里的自己。

2023 年 8 月，南半球已经进入春天，我在澳大利亚内陆小镇图文巴整理书稿。阳光明媚的中午，带孩子们去小镇餐厅，平时几乎无人的小镇，每到周末午餐时间，每一间餐厅都会坐满。但每天的下午 5 点，甚至是下午 3 点之前，餐厅和商店都会陆续关闭。（而在深圳，哪怕午夜出门，都能看到小区门外的不夜餐厅。这种反差，时常会冲击到我。）

在小镇餐厅吃完午餐返回的路上，邻居朱莉娅（Julia）正好端着一杯咖啡从房间走到了阳台。好看的蓝色杯子，搭配好看的蓝色裙子。她的房门和阳台都临街，用的都是透明玻璃，没有防盗门，甚至没有纱窗、纱门。有一次我问朱莉娅"有蚊子怎么办"。她说："比起纱窗、纱门遮挡喝咖啡时的风景，几只蚊子不用在意。"

岳阳女孩乔安上个月刚买了咖啡机，这两周她不时会在朋友圈炫拉花。多数时候，她的拉花并不成"花"，偶尔碰巧成功一次，当然要在朋友圈欢呼几声。我找她要拉花图片的时候才发现，不仅每一个拉花都不一样，连每一个杯子都不一样……乔安告诉我："不同的杯子和不同的花形，对应的是不同的心境……是咖啡让我找回了内心的安定。"

　　生活不是活着，生动地活着才是生活，哪怕是拉花拉个东倒西歪的形状，也是我们生动活着的印迹——生活理应回归生活本身……手握一杯咖啡不仅仅是为了提神，手握一杯咖啡不仅仅是为了拍照打卡发朋友圈，手握一杯咖啡是为了手握一杯咖啡时的自己能够拥有那一刻的自己。

　　把家变成咖啡馆，给工作室搭配咖啡角，带着咖啡去旅行，带着咖啡去露营……越来越多的人在一杯咖啡里"觉醒"。

走遍世界，寻找远方……
不如手握一杯咖啡的芬芳

不止 100 个人问过我为什么喜欢咖啡。

我也问过不止 100 个人为什么喜欢咖啡。

虽然 100 个人会有 100 种不同的回答，但是，如果把 100 个人的答案汇聚在一起，你的脑海里会越来越清晰地呈现出这样一句话：

人生如行旅，咖啡是旅伴……

咖啡伴我 40 年，走过 70 多个国家。看似是我在一路寻找咖啡豆、寻找咖啡、寻找咖啡馆，但仔细想来，我寻找的似乎不是咖啡，而是咖啡背后，对生活不灭的热爱与期待。

咖啡豆是种子，执着地寻找咖啡豆犹如执着地探索生命的源头。咖啡有万千风味，而最吸引我的是层层叠叠或浓或淡的苦味，犹如人生兜兜转转，历经甘苦，才会回味无穷。

咖啡的源头在非洲。但它在土耳其变得醇酽，它在乌斯怀亚变得浓烈，它在巴黎变得洒脱，它在东方变得清雅……咖啡旅途不只在世界地图上，它装在每一个咖啡热爱者的心里。走遍世界，你会发现，岁月并不总是温柔，但手握一杯咖啡，无论世界向我们展现怎样的姿态，我们都能变得沉静而勇敢。

一千杯咖啡就是我们的一千零一夜，哪怕生活给我们一万次捶打，哪怕总是遭遇黯淡的时光……手握一杯咖啡，就像握住了生活的光线，世界和远方在一杯咖啡里被感知、被唤醒、被遗忘、被珍藏……

我们仍然身处一个慢下来就会掉下来的时代，包括我，在53岁的今天，也无法做到止于创业，归于平淡。偶尔疲惫，偶尔茫然，奔波中，对咖啡的迷恋甚至成了我对生活的信念。

我们仍然深陷日复一日的忙碌与琐碎，我们仍然常常身不由己。生活永远像钟摆，拖拽着我们在喧闹繁杂的世界与平淡如水的岁月里左右摇摆……好在我们还有咖啡，可以倚在阳台窗边，可以坐在街角的咖啡馆，看一眼市井巷弄里的烟火气，看一眼形形色色的赶路人，看一眼自己的咖啡杯里还能不能装下梦想，再看一眼生活角落里那些依旧芬芳的美好！

临风君

2023 年 11 月 30 日